Muhammad Zeeshan Mughal

Nano-padronização de superfícies a-C:H para controlo da adsorção de proteínas

Muhammad Zeeshan Mughal

Nano-padronização de superfícies a-C:H para controlo da adsorção de proteínas

ScienciaScripts

Cover image: www.ingimage.com

This book is a translation from the original published under ISBN 978-3-659-75420-3.

Publisher:
Sciencia Scripts
is a trademark of
Dodo Books Indian Ocean Ltd. and OmniScriptum S.R.L publishing group

120 High Road, East Finchley, London, N2 9ED, United Kingdom
Str. Armeneasca 28/1, office 1, Chisinau MD-2012, Republic of Moldova, Europe
Printed at: see last page
ISBN: 978-620-8-19838-1

Índice:

RESUMO

Esta tese apresenta uma investigação sobre a nano-padronização de superfícies de carbono amorfo hidrogenado (a-C:H) para controlar a adsorção de proteínas. Em primeiro lugar, é feita uma revisão da literatura relevante, salientando a ligação entre a adsorção de proteínas e a sua deformação e a sua relevância para a biocompatibilidade e a nanotoxicidade. Em seguida, identifica-se o modo como a nanotopografia influencia a adsorção de proteínas, os debates e conflitos na literatura relativamente a este efeito e as questões associadas ao controlo da nanotopografia independentemente da composição local da superfície.

O primeiro capítulo experimental trata da preparação e análise de padrões a-C:H obtidos por fresagem com feixe de iões focados (FIB) e nanoindentação por microscopia de força atómica (AFM). Estes métodos resultaram em nanopadrões com uma amplitude de 2 nm de altura e um espaçamento de 60 nm, ou seja, com uma dimensão compatível com a das proteínas. São discutidos os desafios associados à produção de tais padrões, nomeadamente a análise e a simulação do perfil de gálio implantado nos padrões FIB. Foram utilizadas técnicas avançadas de AFM para investigar a possível natureza composicional dos padrões. O método Interleave/Lift detectou um início de interações de longo alcance entre uma ponta revestida de proteínas e as superfícies modeladas a uma distância ponta-superfície de 38 nm para ambos os métodos de modelação. Foi também registado um contraste de composição colina/vale, mais forte no caso do padrão FIB. As forças de curto alcance da ponta adesiva/superfície foram mapeadas com o método de força de impulso digital (DPFM). Mais uma vez, isto mostrou um contraste de composição mais forte para o padrão FIB. Estes efeitos foram interpretados como resultantes das interações electrostáticas entre a ponta revestida com proteínas de carga negativa e as superfícies modeladas. Utilizando a modelação SRIM e os valores de contraste medidos, foi estimada uma carga negativa por proteína adsorvida de 1,3-3e.

A segunda parte da tese investiga a adsorção de proteínas em a-C:H para quatro sistemas diferentes de proteína/solvente; albumina de soro bovino (BSA) e fibrinogénio de plasma bovino (BPF) em água desionizada (DI) ou soluções salinas de tampão fosfato (PBS). A análise por infravermelhos com transformada de Fourier (FTIR) revelou que existe uma alteração significativa na estrutura secundária das proteínas uma vez adsorvidas em a-C:H, correspondendo a um aumento do componente da folha P, frequentemente associado à exposição dos grupos hidrofóbicos enterrados. Este facto é também consistente com a grande área de superfície das proteínas adsorvidas, medida por microscopia AFM. A adsorção em superfícies com padrão FIB revela comportamentos de adsorção alterados, com aumentos significativos nas pegadas adsorvidas para todos os sistemas, exceto para o sistema BSA-DI, em que esta pegada diminui ligeiramente. Finalmente, foram efectuadas experiências de adsorção em padrões feitos pelas técnicas FIB e AFM. Esta comparação indica que, para o padrão FIB, a BSA adsorve-se preferencialmente nos vales, enquanto que, para o padrão AFM, reside nas colinas. Este efeito, consistente com a análise anterior, foi atribuído às cargas enterradas nos vales do padrão FIB.

De um modo geral, o trabalho apresentado nesta tese mostrou que as superfícies modelo a-C:H nano-padronizadas são úteis para estudar e controlar a adsorção de proteínas, sugerindo que, no caso aqui estudado, a nano-topografia modifica qualitativamente o processo de adsorção. Além disso, os métodos aqui desenvolvidos podem ser alargados a outras técnicas de modelação e a sistemas proteicos para estudar de forma independente a influência da topografia e da composição na adsorção de proteínas.

AGRADECIMENTOS

Antes de mais, muito obrigado a ALLAH (S.W.T.) por ter respondido às minhas orações, por me ter dado força e paciência para continuar e terminar, pelo que a minha mera expressão de agradecimento não é suficiente.

Não tenho palavras para agradecer o amor incondicional, o apoio e as orações dos meus pais. Um agradecimento especial a Hala Alfayez pelo seu amor, apoio, paciência e encorajamento. Obrigada aos meus irmãos e irmãs, que me apoiaram e cuidaram de mim durante este período.

Esta tese não teria sido possível sem a ajuda e o apoio do meu orientador, Dr. Patrick Lemoine. Agradeço a sua orientação contínua, a sua motivação e o seu imenso conhecimento. Os bons conselhos, o apoio e a amizade do Dr. Gennady Lubarsky foram inestimáveis, tanto a nível académico como pessoal, pelo que lhe estou extremamente grato.

Estou grato ao Dr. Adrian Boyd, ao Dr. Charles Mahony, ao Dr. Jeremy Hamilton, ao Dr. Ashish Mathur, à Dra. Shikha Wadawa, à Dra. Raechelle D'Sa, ao Dr. Mukhtar Ahmad e ao Dr. Mark Tweedy por me terem proporcionado formações e orientações úteis. Um agradecimento especial ao meu querido amigo Umar pelo seu apoio, orientação e, acima de tudo, pela sua amizade.

Gostaria de agradecer ao Dr. George Burke por me ter deixado utilizar as instalações do laboratório de biologia celular.

Gostaria de agradecer a todos os meus colegas de laboratório no NIBEC, especialmente a Isha, Dhiraj, Cormac, Chris, Paddy e Dave, pelas suas discussões construtivas e frutuosas. Agradeço o apoio da Ann, do Brian e do Damian pela sua ajuda e apoio.

Gostaria de agradecer o apoio financeiro, académico e técnico da Universidade de Ulster, do Gabinete de Investigação e, em especial, do Vice-Chancellors Research Scheme (VCRS), por terem fornecido o apoio financeiro necessário para este projeto de investigação.

NOTA SOBRE O ACESSO AO CONTEÚDO

***Dedicado* às memórias amorosas dos meus avós**

CAPÍTULO 1

1.1 Introdução

A adsorção de proteínas é um tema relevante para uma grande variedade de domínios, como a ciência alimentar, as ciências biomédicas e farmacêuticas. A principal razão é que as células e as proteínas interagem entre si e, por conseguinte, o controlo da adsorção de proteínas pode ajudar a regular as respostas celulares, suscitando grande interesse em domínios como os biossensores [1], os dispositivos médicos implantáveis, os suportes de engenharia de tecidos [2] e os sistemas de administração de medicamentos [3].

Um exemplo relevante para a engenharia de tecidos é a biomineralização do esmalte dentário. O processo é desencadeado pela interação entre as células ameloblásticas e a proteína amelogenina e levou à criação de novos biocompósitos inspirados no esmalte [4]. Outra, muito atual na tecnologia de bioimplantes, é a da coagulação do sangue. O desdobramento das proteínas plasmáticas após a sua adsorção a uma superfície tem um impacto importante na capacidade das plaquetas para se ligarem a essas proteínas [5, 6] e, por conseguinte, na formação do coágulo sanguíneo. Um fator de ativação importante no processo é a presença de fibrinogénio [7, 8]. Foi demonstrado que não é a quantidade de fibrinogénio adsorvido que aumenta a ativação das plaquetas, mas sim o grau em que o fibrinogénio adsorvido se desdobra [9]. Isto significa que as superfícies de implantes médicos hemocompatíveis têm de ser concebidas de forma a controlar o desdobramento das proteínas na adsorção, e a falta de controlo pode resultar na formação de trombos ou numa má cicatrização de feridas, dependendo da natureza das interações proteína/superfície. Por conseguinte, o controlo das propriedades da superfície dos materiais de implantes biomédicos tem sido amplamente estudado utilizando abordagens como as monocamadas automontadas (SAM) [10-12], os tratamentos com plasma [13], o condicionamento químico e o enxerto de polímeros [14-16], etc.

No entanto, no contexto da resposta celular e da adesão celular, a questão é complexa. Em primeiro lugar, existem muitos mecanismos de feedback, tais como a deteção celular, a sinalização intercelular entre células e as interações entre a superfície do bioimplante, as células e uma variedade de biomoléculas, tais como citocinas, proteínas e muitas outras. Em segundo lugar, as células também interagem diretamente com a topografia da superfície, através dos seus filopódios, o que influencia a formação do seu citoesqueleto [17]. Por conseguinte, embora o efeito da microtopografia da superfície na resposta celular tenha sido reconhecido há muito tempo [18-20], ainda há muito por compreender. Uma questão particular é a rugosidade e, por vezes, as inomogeneidades químicas dos materiais de qualidade médica [21], que impedem uma compreensão e um controlo completos do processo de adsorção celular.

Uma estratégia para resolver este problema consiste em limitar-se ao estudo da adsorção de proteínas. Esta abordagem apresenta lacunas e vantagens. A limitação é que, uma vez concluídos, estes estudos devem ser validados *in vivo*, testando a atividade biológica da proteína, com anticorpos e células. No entanto, a principal vantagem é que os mecanismos fundamentais que determinam a resposta celular são as interações químicas, como as ligações de hidrogénio, as interações hidrofóbicas, etc., que só podem ser totalmente compreendidas em sistemas modelo. Por conseguinte, esta melhor compreensão proporcionada por esses estudos é valiosa. Por esta razão, alguns investigadores de biocompatibilidade, dispositivos de bioimplantes e biotoxicidade concentraram os seus esforços apenas na investigação da adsorção de proteínas. Esta é também a abordagem adoptada nesta tese.

Um conceito importante nestes estudos é a topografia de superfície à nanoescala, que foi identificada como um parâmetro-chave na interação entre proteínas e superfícies [22-25]. Para controlar este parâmetro, têm sido utilizadas muitas técnicas, como a litografia por electrões, a litografia por nanoimpressão, a gravação e a deposição por ângulo de envidraçamento (GLAD), etc. O objetivo declarado é frequentemente proporcionar um controlo independente da composição e da topografia da superfície à escala nanométrica. No entanto, o efeito combinado da topografia à nanoescala e da química da superfície tem sido estudado por muitos, com resultados frequentemente contraditórios, discutidos em pormenor no capítulo 2.

Um estudo, que utilizou ensaios de proteínas para detetar proteínas adsorvidas em superfícies de Ti com valores de rugosidade variáveis (2-20 nm), concluiu que a topografia à escala nanométrica não tinha qualquer efeito na adsorção de fibrinogénio ou albumina [26]. Entretanto, uma investigação mais recente por microbalança de cristais de quartzo (QCM) em superfícies de Ti com estrutura semelhante concluiu que as pistas de superfície à nanoescala são essenciais para controlar a adsorção de proteínas, promovendo particularmente a adsorção de fibrinogénio e limitando-a no caso da albumina [27]. Noutra investigação, foi estudado o efeito combinado da topografia da superfície e das cargas superficiais na adsorção de avidina em superfícies de poliestireno (PS). Os autores utilizaram uma técnica de microscopia de força atómica - escrita de carga (AFM-CW) para formar os padrões e microscopia de etiquetas fluorescentes para detetar as proteínas. Verificaram que a adsorção era exclusivamente controlada pela topografia [28]. Um estudo anterior [29] sobre o mesmo sistema proteína/superfície, utilizando a litografia por feixe de electrões para definir padrões carregados e a microscopia de etiquetas fluorescentes para medir a adsorção, observou que as atracções electrostáticas entre a avidina carregada positivamente (isto é, acima do seu ponto isoelétrico) e as regiões de carga retida controlavam o processo de adsorção.

Uma vez que estes estudos de adsorção de proteínas se inscrevem no contexto mais vasto das suas interações nos sistemas biológicos, acima referido, esta falta de clareza nos resultados pode apresentar problemas graves. Um estudo exemplar que ilustra este ponto é uma investigação de uma resposta do sistema imunitário a proteínas dessorvidas. Utilizando superfícies modelo e algumas proteínas nativas e mal dobradas, demonstrou-se que os receptores celulares P-integrina nos leucócitos podem reconhecer proteínas mal dobradas dessorvidas [30]. Assim, esta falta de consistência na literatura não é uma preocupação puramente académica, mas é muito relevante para as questões práticas do desenvolvimento de dispositivos de implantes médicos viáveis e para a obtenção de informações fiáveis sobre a toxicidade dos nanomateriais.

Um dos principais obstáculos à resolução destas questões é o facto de, apesar de se afirmar o contrário, as técnicas de nanopadronização utilizadas nestas investigações raramente conseguirem controlar de forma independente a topografia e a composição à nanoescala [19]. Foi feita uma excelente tentativa, utilizando a microscopia AFM, para formar padrões por oxidação anódica local (LAO) em óxido nativo de titânio, alegando ter formado um padrão topográfico composicionalmente homogéneo (isto é, titânia) [31]. No entanto, a espetroscopia de tunelamento de varrimento [32] mostrou que o óxido nativo ultrafino tem uma maior densidade de estados no seu intervalo de banda, ou seja, vagas de oxigénio, do que o seu homólogo anódico. Por conseguinte, os dois materiais podem diferir em termos da sua função de trabalho e, eventualmente, das suas interações químicas de superfície com as proteínas adsorvidas.

Esta discussão sugere que tanto o desenvolvimento de técnicas de nanopadronização para controlar a topografia à escala nanométrica como a sua utilização em estudos de adsorção de proteínas constituem uma área de investigação ativa. De facto, ao examinar os trabalhos publicados até à data, podem ser identificadas duas limitações. Em primeiro lugar, muitos padrões são formados por processos de auto-organização, como a oxidação anódica do titânio e do alumínio, a litografia de nanoesferas por montagem coloidal e a desumidificação de misturas copoliméricas. Estas técnicas têm uma caraterística em comum: fornecem frequentemente caraterísticas de elevado rácio de aspeto, difíceis de caraterizar por microscopia AFM, e também não permitem qualquer controlo sobre a geometria da caraterística do padrão. Em segundo lugar, muitos estudos utilizam modelos de superfícies poliméricas, como o poliestireno. Estes materiais não são lisos à escala da proteína (alguns nm).

A estratégia de investigação adoptada nesta tese baseia-se nestas duas observações. A nova abordagem consiste na utilização de películas finas de carbono tipo diamante (DLC) como superfície modelo, um material ultra-liso, amorfo, mono-elementar com propriedades biocompatíveis. Além disso, a fresagem por feixe de iões focados (FIB) e a nanoindentação por microscopia de força atómica (AFM) serão as ferramentas de modelação escolhidas. O método FIB permite controlar a geometria das caraterísticas, produzir topografias com profundidades que vão de 0,1 nm a vários microns e com tamanhos de caraterísticas proporcionais aos das proteínas. A partir deste primeiro capítulo de Introdução, a tese está organizada da seguinte forma;

- **O Capítulo 2** apresenta uma panorâmica da literatura, começando com as proteínas, as suas funções e propriedades e a adsorção em superfícies e a tentativa de controlar e estudar o efeito da topografia à nanoescala na adsorção de proteínas.
- **O capítulo 3** enumera as diferentes técnicas experimentais e de análise utilizadas neste trabalho.
- **O Capítulo 4** descreve a deposição das películas de DLC, especificamente as camadas de carbono amorfo hidrogenado (a-C:H), a preparação dos nanopadrões, formados por nanoindentação por microscopia de força atómica (AFM) e fresagem por feixe de iões focalizados (FIB). Os resultados analíticos são apresentados, bem como um estudo sobre a interação entre uma sonda AFM revestida de proteínas e estes padrões, para discutir o efeito da composição e da topografia na interação proteína/superfície.
- **O Capítulo 5** investiga a adsorção de quatro sistemas de proteínas/solventes em superfícies de carbono amorfo hidrogenado (a-C:H) com e sem padrão.
- **O capítulo 6** reúne algumas observações finais e sugestões para trabalhos futuros.

CAPÍTULO 2

Revisão da literatura e teoria de base

2.1 As proteínas e a sua função

As proteínas são moléculas feitas de aminoácidos e são um constituinte importante da maioria dos tecidos vivos. Desempenham um papel central em diferentes respostas biológicas, como a catalisação de reacções no nosso corpo, o transporte de moléculas como o oxigénio, a participação nas actividades do sistema imunitário e a transmissão de mensagens de célula para célula. Os tipos de proteínas são frequentemente definidos pela sua função, por exemplo, as enzimas actuam como catalisadores de reacções bioquímicas, os anticorpos produzidos pelo nosso sistema imunitário ajudam a combater substâncias estranhas e infecções, as proteínas estruturais, como o colagénio, dão apoio ao nosso corpo, as proteínas hormonais, como a insulina, controlam o nível de açúcar no sangue, a actina está envolvida na contração muscular e no controlo do movimento, e a forma e o fluxo das células nos capilares. Duas das proteínas plasmáticas mais frequentemente encontradas no sangue são a albumina e o fibrinogénio, que são analisadas nas secções seguintes.

2.1.1 Albumina

Esta designação reúne uma série de proteínas, como a albumina de armazenamento em algumas sementes de plantas, a ovalbumina nas claras de ovo e a albumina sérica, que é a proteína mais estável e solúvel no plasma sanguíneo. A albumina derivada do sangue humano é conhecida como albumina sérica humana (HSA), enquanto a derivada de outros mamíferos (maioritariamente vacas) é conhecida como albumina sérica bovina (BSA). Tanto a HSA como a BSA são muito populares entre os laboratórios que desenvolvem imunoensaios, principalmente devido à sua disponibilidade e solubilidade. A principal função desta proteína é assegurar a distribuição adequada dos fluidos corporais e, por conseguinte, manter as pressões osmóticas. Actua também como transportador plasmático, ligando de forma não específica várias hormonas esteróides hidrofóbicas, e como proteína de transporte de ácidos gordos [1]. A Figura 2.1 mostra a estrutura da molécula de albumina.

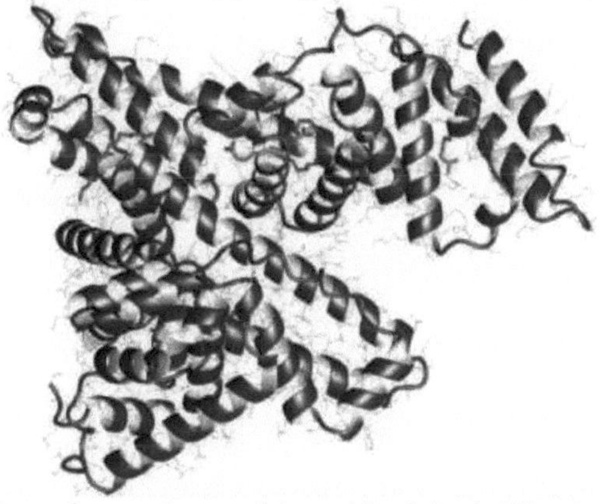

Figura 2.1: A albumina do soro humano é uma cadeia peptídica única de 585 aminoácidos [2]

2.1.2 Fibrinogénio

O fibrinogénio é uma proteína plasmática solúvel produzida pelo fígado. É utilizado durante a coagulação do sangue, convertendo a trombina em fibrina. Tanto o fibrinogénio como a fibrina desempenham papéis sobrepostos na coagulação do sangue, na fibrinólise, na resposta inflamatória e na cicatrização de feridas. A figura 2.2 mostra a estrutura de uma molécula de fibrinogénio, enquanto a tabela 2.1 resume as propriedades das proteínas albumina e fibrinogénio. É de notar que os domínios D em ambas as extremidades têm moléculas polares (carboxílicas), enquanto o domínio E central contém grupos hidrofóbicos.

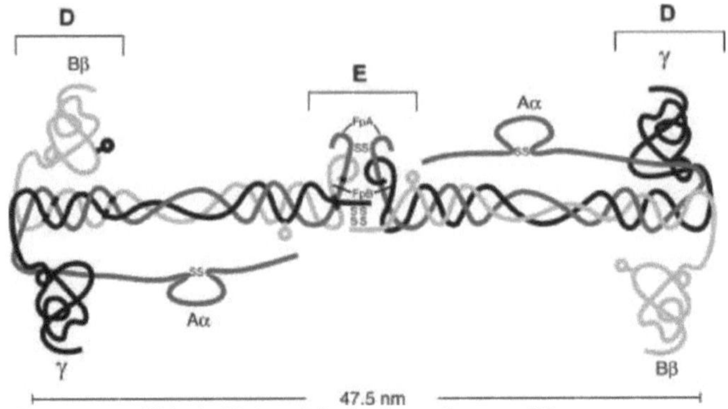

Figura 2.2: Estrutura terciária do fibrinogénio do plasma humano [3]

Tabela 2.1: Propriedades da albumina e do fibrinogénio [4-7]

Propriedades	**Albumina**	**Fibrinogénio**
Peso molecular	66 kDa	360 kDa
Dimensões no estado nativo	~ 4 x 4 x 14 nm^3	~ 4,5 x 4,5 x 47 nm^3
Função	Transportador	Coagulação do sangue
Forma	Globular	Alongado
Tipo	Suave	Difícil
Concentração no sangue	30-50 g/L	1,5-4,0 g/L
Ponto isoelétrico	4.7	5.8
Estrutura secundária	~ 50% α- helix ~ 22% β- sheets	~ 41% α- helix ~ 31% β- sheets

2.2 Tipos e funções das estruturas proteicas

As proteínas são constituídas por aminoácidos e a estrutura primária representa a disposição (tipo, número e sequência) destes aminoácidos na sua estrutura. A forma como estas espinhas dorsais se dobram para adotar várias formas tridimensionais define a sua estrutura secundária, terciária e, em alguns casos, quaternária.

2.2.1 Estrutura primária

Os dois grupos de aminoácidos mais simples são a glicina e a alanina;

Podem combinar-se para formar um dipeptídeo (com a eliminação de uma molécula de água). Isto pode acontecer de duas maneiras, como mostrado abaixo:

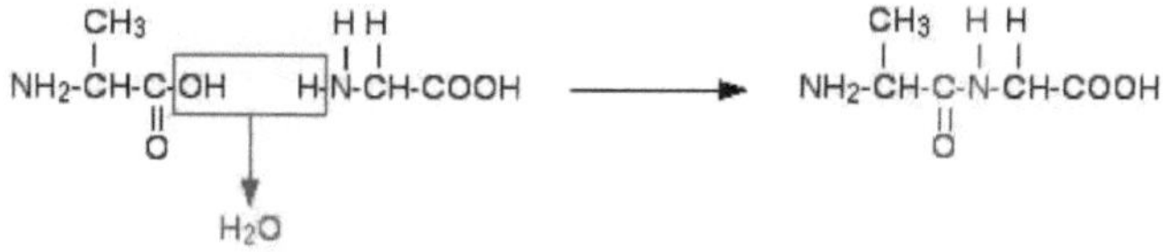

Or

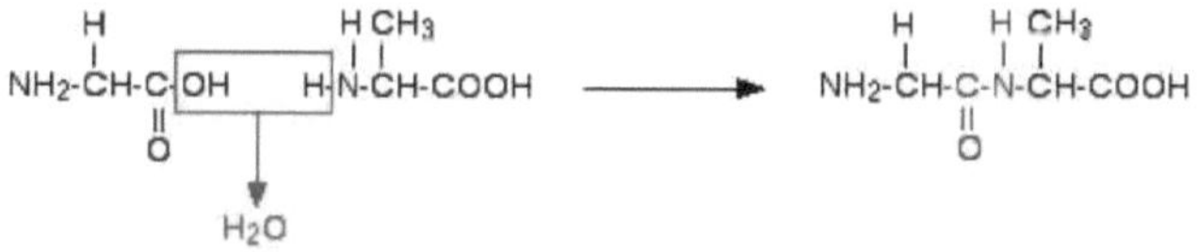

A ligação azul aqui apresentada é conhecida como uma ligação peptídica (ligação amida). A combinação de vários aminoácidos (como numa cadeia proteica) dá origem a um polipéptido. As proteínas representam um tipo de polipeptídeo, embora também existam polipeptídeos sintéticos. É importante mencionar aqui que, numa cadeia peptídica, os aminoácidos são modificados, uma vez que perderam uma molécula de água ao juntarem-se; por isso, o que é deixado para trás é chamado um *resíduo de aminoácido*. Normalmente, uma cadeia proteica tem entre 50 e 2000 resíduos de aminoácidos. Os grupos terminais da cadeia são denominados *N-terminal* se a cadeia peptídica terminar com um grupo NH2 (convencionalmente escrito do lado esquerdo) e *C-terminal* se a cadeia peptídica terminar com um grupo COOH (convencionalmente escrito do lado direito). A cadeia peptídica é conhecida como a espinha dorsal, enquanto os grupos "R" são conhecidos como cadeias laterais.

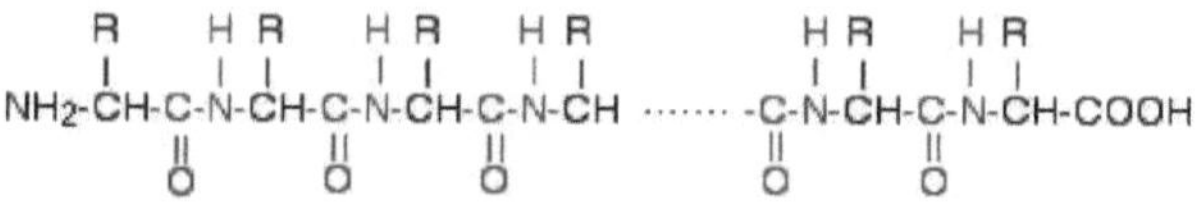

2.2.2 Estruturas superiores (secundárias, terciárias, etc.)

Devido ao seu comprimento, a cadeia proteica tem flexibilidade que lhe permite dobrar-se. Esta dobragem é influenciada pelas interações iónicas, de van der Waals e de ligação de hidrogénio entre grupos de proteínas ou entre grupos de proteínas e o solvente. Geralmente, as interações com o solvente são hidrofóbicas ou electrostáticas, ao passo que as interações entre grupos de proteínas são frequentemente através de ligações de hidrogénio, como mostra a Figura 2.3.

A dobragem das proteínas é estruturada a diferentes níveis. Em primeiro lugar, existem padrões comuns de dobragem de secções da cadeia, designados por estrutura secundária, sendo os dois mais comuns as hélices alfa (hélice a) e as folhas beta (folha P), abordados nas secções seguintes. Outros incluem voltas, bobinas aleatórias e ligações dissulfureto covalentes.

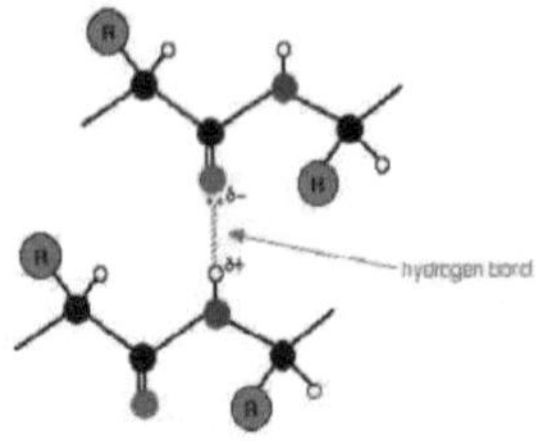

Figura 2.3Ligação **de hidrogénio** presente entre uma cadeia peptídica principal [8]

Em segundo lugar, como estes elementos da estrutura secundária estão frequentemente ligados às mesmas cadeias proteicas, isto obriga a cadeia a adotar uma forma e um tamanho tridimensionais que definem a sua estrutura terciária, que é também um fator determinante da função biológica da proteína. As ligações dissulfureto também definem esta estrutura terciária. Finalmente, em alguns casos, as proteínas individuais, dispostas ou não em estrutura terciária 3D, podem organizar-se em agregados maiores, por vezes chamados micelas, que definem a sua estrutura quaternária. Um exemplo é a caseína do leite, que se organiza numa micela esférica através de pontes iónicas formadas por iões Ca^{++}. Outro exemplo são as enzimas, que podem ser constituídas por grandes conjuntos supramoleculares.

2.3.2.1 Hélices alfa (a-hélices)

Nas alfa-hélices, a cadeia proteica está disposta de modo a formar uma mola frouxa e enrolada. O "alfa" significa que se olharmos para o comprimento da mola, o enrolamento está a acontecer na direção do relógio, à medida que se desce. A Figura 2.4 mostra uma descrição esquemática de uma hélice alfa. Devido aos grupos pendentes ligados, as a-hélices são frequentemente anfifílicas.

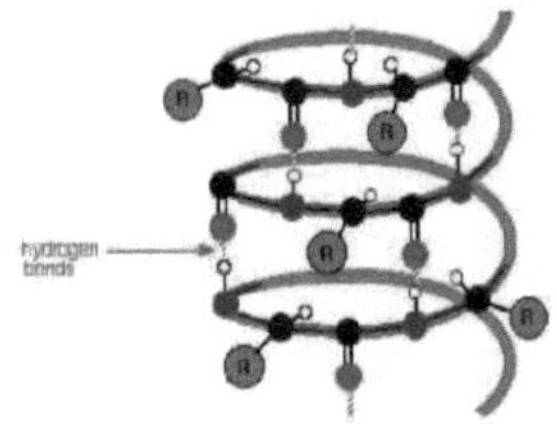

Figura 2.4 Estrutura da alfa-hélice (a-hélice) [8]

2.2.2.2 Folhas beta (folhas P)

Tal como as hélices a, as folhas p são formadas por ligações de hidrogénio. Nas folhas p, as cadeias são dobradas de forma a ficarem lado a lado, em direcções opostas ou paralelas. A Figura 2.5 mostra o diagrama simplificado da dobragem.

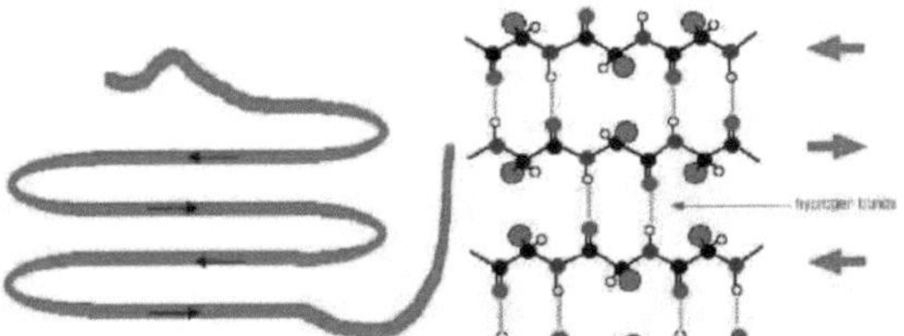

Figura 2.5 Disposição antiparalela da folha beta (esquerda), cadeias dobradas unidas por ligações de hidrogénio (direita) [8]

2.2.3 Relação entre estrutura e função biológica

Como já foi referido, estes padrões de dobragem das proteínas são essenciais para as suas funções. Na verdade, esta função biológica não é apenas determinada por estes elementos estruturados (a-hélices e folhas P), mas também pelas secções enroladas aleatoriamente das cadeias que, por exemplo, podem por vezes simplesmente dar uma conformidade mecânica que permite que as reacções proteicas tenham lugar, como acontece nas

proteínas intrinsecamente desordenadas. Neste sentido, a palavra estrutura pode ser enganadora. No entanto, continua a ser o termo utilizado na literatura.
Quando as proteínas mudam do seu estado nativo, ou seja, quando a cadeia se dobra incorretamente, isto pode resultar na libertação de água e na exposição de grupos hidrofóbicos, levando à agregação de proteínas (ou seja, perda de solubilidade) e, consequentemente, a uma alteração da função biológica. Um exemplo comum é a formação de cataratas no cristalino do olho [9]. As proteínas do cristalino do olho são chamadas cristalinas. Numa lente saudável, as cristalinas são solúveis [10], conferindo transparência à lente. Uma lente com catarata dispersa a luz porque as proteínas se agregam e formam regiões localizadas de índice de refração, flutuações que perturbam as variações graduais do índice de refração necessárias para o poder refrativo. Outros exemplos de doenças de condensação de proteínas incluem Alzheimer, Parkinson e artrite.

2.3 Análise da estrutura das proteínas

Devido à ligação entre a estrutura e a função biológica e à complexidade destes sistemas macromoleculares, têm sido utilizadas muitas técnicas analíticas para determinar a estrutura das proteínas. Nenhuma delas pode pretender dar uma imagem completa e, em certo sentido, estas técnicas funcionam melhor quando utilizadas em combinação.
A cristalografia de raios X fornece estruturas atómicas altamente resolvidas de pequenos cristais de proteínas, precipitados a partir de soluções. Estes cristais são por vezes difíceis de obter e a dobragem no cristal e em solução pode ser diferente [11]. A estrutura das proteínas em solução pode ser determinada por espetroscopia de ressonância magnética nuclear (RMN). No entanto, esta técnica não funciona bem com proteínas de elevado peso molecular [12] e com domínios de proteínas globulares fundidas nativas [13]. Uma vez que as larguras de linha dos espectros de RMN são proporcionais à taxa de relaxação spin-spin, que por sua vez é proporcional ao tempo de correlação molecular (uma medida do movimento da molécula). Assim, qualquer fator que contribua para abrandar os movimentos moleculares, como o aumento da viscosidade, a diminuição da temperatura ou o aumento do peso molecular, resulta num alargamento da ressonância. Com pesos moleculares muito elevados, os sinais podem alargar-se para além da deteção. Foram também utilizadas técnicas ópticas como a espetroscopia de dicroísmo circular (CD), a espetroscopia Raman e a espetroscopia de infravermelhos com transformada de Fourier (FTIR). São mais simples de implementar, mas não fornecem informações estruturais pormenorizadas, por exemplo, a FTIR é útil para monitorizar alterações que envolvem diretamente grupos funcionais específicos, mas não a forma como estão ligados. A microscopia eletrónica de transmissão (TEM) fornece imagens de alta resolução das estruturas proteicas, mas a preparação das amostras (fixação, desidratação, crioarrefecimento) é problemática e pode também alterar a estrutura. Além disso, o contraste eletrónico é geralmente baixo em materiais orgânicos. Por último, a microscopia de força atómica (AFM) tem sido utilizada para obter imagens de proteínas, utilizando soluções electrostaticamente equilibradas, o modo de batimento e o funcionamento com controlo Q, por exemplo na fibronectina [14], no colagénio [15] e nas miosinas [16].

2.4 Proteínas em soluções

A solubilidade das proteínas em água varia muito, sendo as proteínas estruturais, como o colagénio ou as actinas, altamente insolúveis, enquanto as proteínas citoplasmáticas são muito solúveis. Como as proteínas têm grupos hidrofóbicos, um aspeto importante da solubilidade das proteínas é a interação hidrofóbica. Na água, um soluto hidrofóbico, como o metano, é rodeado por uma gaiola de moléculas de água ligadas por hidrogénio. Se outro soluto hidrofóbico estiver próximo, a sua associação perturba esta gaiola ordenada e, por conseguinte, reduz a ordem e aumenta a entropia do sistema. Como a energia livre AG é definida por AG=AH-T.AS, este aumento da entropia torna a energia livre mais negativa; forma-se uma ligação hidrofóbica. Nas proteínas, o efeito hidrofóbico é mais complexo porque os grupos hidrofóbicos estão frequentemente enterrados; pertencendo a uma cadeia longa, o seu movimento é limitado (impedimento estérico). No entanto, as proteínas tendem a manter os seus grupos hidrofóbicos enterrados na sua estrutura terciária e podem associar-se através deste efeito hidrofóbico.
O outro aspeto da interação proteína-solvente é a presença de grupos carregados ($NH3^{+}$, COO^{-}) nas cadeias proteicas. Estas cargas interagem com os iões da solução (H^{+} , OH^{-} , etc.) e contribuem para a estrutura e o dobramento da proteína. Esta interação pode resultar numa superfície proteica carregada, negativa ou positiva, dependendo do pH da solução. De facto, uma caraterística importante das proteínas é o seu ponto isoelétrico (PEI), que define o pH da solução em que não possuem cargas na sua superfície; para um pH abaixo do PEI, a superfície está carregada positivamente, para um pH acima do PEI, a superfície está carregada negativamente.

2.5 Adsorção de proteínas em superfícies

É amplamente aceite na comunidade dos biomateriais que, quando um biomaterial é implantado no corpo humano, um dos primeiros eventos a ocorrer na interface tecido-material é a ligação não específica de proteínas à superfície. Este processo ocorre no espaço de milissegundos após o biomaterial entrar em contacto com um fluido biológico [17]. Esta adsorção mascara a superfície do biomaterial, pelo que as células deixam de ver o material subjacente e passam a ver a camada proteica sobrejacente, que seleciona o tipo de células que podem aderir à superfície. A adsorção celular determina então a seleção de tecidos que se formam na vizinhança e influencia ainda mais as reacções biológicas (figura 2.6).

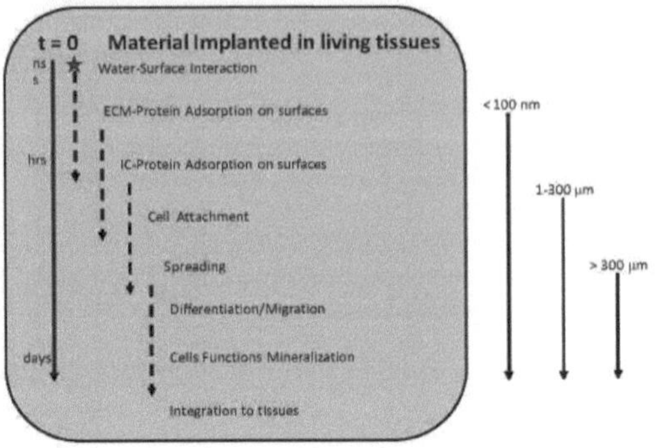

Figura 2.6Um exemplo de interações entre biomateriais e tecidos, por exemplo, implante ósseo Interações [17]

A natureza destas interações superfície/proteína é sobretudo não covalente, ou seja, ligação H, eletrostática e hidrofóbica [18]. Tal como as interações proteína-solvente, as interações proteína-superfície podem provocar alterações de conformação e funções na camada de proteína adsorvida. Estas alterações podem promover reacções subsequentes, como a inflamação, a ativação do sistema imunitário ou a trombose [19, 20]. Por conseguinte, para apreciar as reacções biomaterial-célula, é necessário começar por compreender as interações biomaterial-proteína.

A adsorção de proteínas a uma superfície é um fenómeno complexo. Um efeito interessante é a rotação observada das proteínas adsorvidas durante a adsorção de uma mistura de proteínas, conhecida como o "efeito Vroman" [21]. Leo Vroman observou pela primeira vez que a adsorção a partir de soro ou plasma ocorria através de uma série de etapas de adsorção-deslocamento em que as proteínas de baixo peso molecular (MW) que chegavam primeiro à superfície eram substituídas por proteínas de elevado peso molecular que chegavam mais tarde. Observa-se que proteínas como a albumina são bastante resistentes à deslocação em superfícies hidrofóbicas, enquanto outras, como o cininogénio, substituem facilmente o fibrinogénio [22]. Embora o processo de adsorção de proteínas a superfícies não tenha sido completamente compreendido, quatro contribuições amplamente reconhecidas para o processo são: interações hidrofóbicas, interações electrostáticas, geometria da superfície e considerações estéricas, e efeitos da temperatura [23]. O efeito hidrofóbico, que estabiliza muitas estruturas nativas, pode também levar a alterações de conformação se o interior hidrofóbico da proteína for exposto à superfície. Este facto pode explicar a razão pela qual as proteínas se adsorvem fortemente em superfícies hidrofóbicas em comparação com as superfícies hidrofílicas [24]. As interações electrostáticas também desempenham um papel importante na adsorção de proteínas, por exemplo, quando as proteínas e a superfície têm cargas opostas. A ligação de hidrogénio é muito importante, especialmente na definição da estrutura interna das proteínas, com uma forte contribuição para a estabilidade das estruturas a-helicoidais e de folha P; no entanto, a contribuição energética líquida da ligação de hidrogénio para a dobragem de proteínas tende a ser bastante fraca [25].

Foi demonstrado que a geometria da superfície e as considerações estéricas são susceptíveis de desempenhar também um papel. Nos últimos anos, está a ser dada muita atenção às superfícies com padrões em vez de superfícies lisas. Foi sugerido que uma superfície modelada/texturizada em vez de uma superfície lisa poderia melhorar a adsorção de proteínas [26, 27]. Finalmente, a temperatura desempenhará um papel no processo, variando a energia térmica ou a entropia das moléculas de proteína, bem como as suas estruturas [28].

A cinética da adsorção depende do tipo de proteína. As alterações na conformação podem ocorrer imediatamente durante a adsorção ou lentamente ao longo do tempo, à medida que a proteína se vai fixando à superfície. Para a maior parte das proteínas, a cinética de adsorção consiste normalmente em dois tipos de conformações: uma é designada por "end-on-type", com o eixo longo paralelo à superfície, e a outra é designada por "side-on-type", com o eixo longo perpendicular à superfície, como se mostra na figura 2.7.

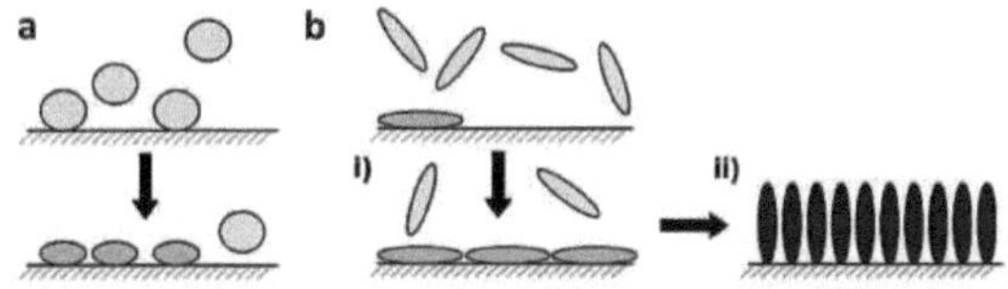

Figura 2.7 Ilustração esquemática da adsorção de proteínas (a) uma proteína globular (por exemplo, albumina) e (b) uma proteína em forma de bastonete que passa por um processo de várias fases em que (i) inicialmente a proteína adsorve-se com o seu eixo longo paralelo (side-on) e depois (ii) ocorre um rearranjo para aumentar a interação proteína-proteína e a concentração superficial da proteína (end-on) [29]

A albumina tem uma estabilidade conformacional baixa e, por isso, adsorve-se facilmente, modificando a sua forma para se adaptar à superfície, enquanto o fibrinogénio tem uma estabilidade conformacional mais elevada (mais difícil de deformar) e adsorve-se menos fortemente em superfícies hidrofóbicas e hidrofílicas. Assim, quando o fibrinogénio é adsorvido, reorganiza-se para aumentar a concentração da interação de superfície. Neste caso, a adsorção é feita em várias etapas e tem uma cinética mais lenta.

2.6 Adsorção de proteínas e modelação de superfícies

A capacidade de preparar padrões e estruturas de pequenas dimensões tem sido crucial para o desenvolvimento de muitas tecnologias modernas, em particular na microeletrónica e na fotónica. A modelação de superfícies tornou-se também uma disciplina importante em biologia, em especial a modelação de superfícies para controlar a adsorção específica de espécies biológicas como as proteínas ou as células. Estes padrões variam enormemente em dimensão, desde várias centenas de microns até à nanoescala. As motivações e aplicações podem também ser muito diversas.

2.6.1 Biocircuitos e aplicações bioanalíticas

Os métodos de modelação utilizados para estas aplicações são classificados em termos gerais como "diretos" ou "indirectos". Os métodos diretos baseiam-se na distribuição ativa da substância bioactiva em padrões sobre uma superfície (normalmente homogénea), enquanto os métodos indirectos se baseiam na adsorção preferencial da substância bioactiva de uma solução numa superfície pré-padronizada (figura 2.8).

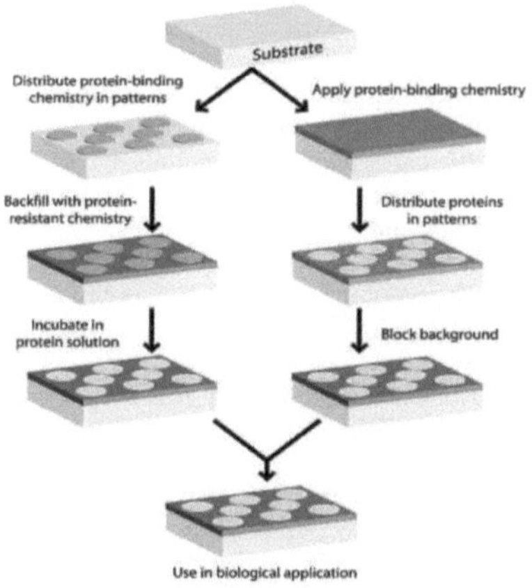

Figura 2.8 Esquema das estratégias de modelação "indireta" (esquerda) e "direta" (direita) [26]

O método indireto é um método simples, principalmente devido ao facto de os padrões serem formados pelo recrutamento seletivo das espécies bioactivas para a superfície pré-padronizada. O método direto, que é relativamente novo, tem a vantagem de permitir a distribuição de várias espécies bioactivas diferentes em pontos discretos da mesma superfície.

As técnicas de fabrico propriamente ditas, tanto para os métodos diretos como indirectos, podem basear-se na microfluídica [30], na impressão por jato de tinta [31], na utilização de carimbos elastoméricos [32, 33], na

fotolitografia [34] ou em diferentes métodos de escrita baseados em pontas ou pinos [35-37].
As primeiras aplicações da biopadronização visavam o desenvolvimento de microcircuitos bioelectrónicos [38]. Outras aplicações incluem biossensores e microarrays de proteínas para diagnóstico e bio-chips de proteínas [39-41]. Estes padrões tendem a ser bastante grandes (microns a centenas de microns).

2.6.2 Padronização para controlo da adesão celular

Existem duas motivações. Em primeiro lugar, as superfícies com padrões podem controlar a adesão e o espalhamento das células, para aplicações de engenharia de tecidos e medicina regenerativa. Muitos estudos na literatura sugerem que as superfícies com ranhuras de dimensões proporcionais às das células afectam a orientação e a migração das células [4245]. Outro aspeto importante é o efeito que estes padrões têm na tensão de cisalhamento hidrodinâmica sofrida pelas células. Várias revisões excelentes foram dedicadas a este domínio de investigação [46, 47]. Em segundo lugar, a modelação pode ser utilizada para controlar a bioincrustação, a acumulação de um organismo biológico numa superfície, em aplicações marinhas e em bioimplantes, por exemplo, para reduzir a reestenose numa endoprótese vascular.
Em ambos os casos, a dimensão do padrão é geralmente proporcional à do organismo para o qual se pretende controlar a adsorção, geralmente uma célula de dimensões 1-100 pm. [48], e é assim que muitos estudos de modelação têm sido concebidos. O raciocínio é que as células são altamente plásticas e deformáveis e também contêm sensores de tensão nas suas superfícies, pelo que têm um meio de responder a padrões aproximadamente da mesma dimensão. No entanto, a adesão celular é um processo biológico complexo, frequentemente desencadeado pela adsorção de proteínas, por exemplo, no caso da hemostase (vestuário sanguíneo). Por outras palavras, para padrões grandes (microns), é possível que a adsorção de proteínas se processe de forma semelhante em superfícies com e sem padrões, uma vez que os pormenores topográficos à escala das proteínas (1-100 nm) podem desempenhar um papel importante no processo de adsorção. De facto, os recentes avanços na utilização de superfícies nanopadronizadas com dimensões próximas ou, por vezes, inferiores às das proteínas, permitem uma melhor compreensão do fenómeno de adsorção. [36, 49-52].

2.6.3 Efeito da nanotopografia

No caso de pequenas moléculas, a adsorção é controlada pela química da superfície, ou seja, a formação de ligações iónicas, covalentes ou secundárias. No caso das proteínas, que são muito maiores, a topografia pode afetar a sua conformação, uma vez que podem deformar-se à medida que as células o fazem. Assim, a nanotopografia pode tornar-se um parâmetro de adsorção. Este facto é relevante tanto para os biossensores como para os dispositivos de bioimplantes [53] e foi demonstrado de forma conclusiva no caso da hemocompatibilidade [54]. No entanto, até à data, parece haver pouco consenso na literatura sobre o efeito da nanotopografia na adsorção de proteínas [55-58]. Alguns relatórios não mostraram qualquer influência da morfologia da superfície à escala nanométrica [55, 56], enquanto outros apresentaram um aumento da quantidade de proteínas adsorvidas quando a rugosidade da superfície à escala nanométrica aumentou [57, 58]. Uma dificuldade reside no facto de, frequentemente, os materiais de escolha para fins médicos, por exemplo, as ligas de Ti, serem composicional e topograficamente não homogéneos à nanoescala. Assim, uma estratégia de investigação consiste em utilizar uma superfície modelo e estruturá-la com uma técnica de nanopadronização para obter caraterísticas topográficas controláveis à nanoescala. Esta abordagem foi tentada em superfícies de sílica [59] e poliméricas [60-62]. Ainda assim, há muito debate sobre os papéis respectivos que a química da superfície e a nanotopografia têm na adsorção de proteínas. Num estudo [56], foram preparadas películas de titânio com várias taxas de evaporação, o que permitiu obter uma gama de valores de rugosidade (2-21 nm) e de dimensões laterais (23-225 nm). Neste caso, a topografia não teve qualquer efeito na adsorção relativa de albumina e fibrinogénio. Noutro estudo [63], foram criados numa superfície de ouro, por litografia coloidal, elementos à escala nanométrica distribuídos aleatoriamente com 15 nm de altura separados por uma distância de 50-150 nm e funcionalizados com grupos CH3 (hidrofóbico) ou OH (hidrofílico). Concluíram que a quantidade de colagénio adsorvido é apenas controlada pela química da superfície, enquanto a organização da camada adsorvida é controlada tanto pela química da superfície como pela topografia. Do mesmo modo, outro grupo [64] produziu pistas terminadas em CH3 numa matriz terminada em oligo (etilenoglicol) para estudar a adsorção de colagénio. Verificaram que as pistas hidrofóbicas (30-90 nm) serviam de guias químicos para o alinhamento preferencial das moléculas de colagénio. No entanto, há também uma série de investigações que parecem encontrar uma relação entre a nanotopografia controlada e a adsorção específica de proteínas. O filamento de F-actina adsorvido em superfícies nanoestruturadas de titânia preparadas por oxidação anódica local de titânio por AFM [65] mostrou uma adsorção preferencial ao longo das linhas nanopadronizadas. Noutro estudo [62], foi investigada a adsorção de fibrinogénio de plasma humano (HPF) em polietileno de peso molecular ultra-elevado (UHMWPE) com diferentes funcionalidades de superfície. No caso da superfície hidrofóbica, verificou-se que as proteínas se adsorvem preferencialmente ao longo da direção das lamelas cristalinas da superfície e formam uma estrutura de rede não aleatória, replicando assim a nanoestrutura da superfície. Este caso corresponde a fortes atracções proteína-superfície e a uma baixa mobilidade das proteínas na superfície. No caso das superfícies hidrofílicas, tanto as regiões amorfas como as cristalinas são neutralizadas pelo tampão, as interações proteína-proteína são importantes e a adsorção é aleatória e impulsionada pela difusão da proteína na superfície. Assim, neste estudo, a nanotopografia é um fator determinante para a adsorção de proteínas, embora esteja também associada à cristalinidade. A avaliação conformacional das proteínas ligadas à superfície mostrou que as pequenas proteínas globulares (lisozima e anidrase carbónica) apresentam estruturas nativas quando ligadas a substratos esféricos com raios < 15-20 nm, enquanto se observou uma perda da estrutura ordenada quando ligadas a substratos maiores [66-68]. Blanco et al. investigaram o efeito combinado da topografia da superfície e da carga numa superfície de poliestireno com nanopadrões (50-100 nm de dimensão e 5-10 nm de altura) utilizando proteínas avidina. Verificaram que a adsorção não era afetada por padrões electrostáticos, ao passo que se verificava uma maior adsorção de proteínas em padrões topográficos de dimensão nanométrica [69].

Estes exemplos sugerem que o efeito da nanotopografia ainda não é claramente compreendido e que um dos principais obstáculos é a necessidade de ter uma topografia pura, ou seja, uma superfície sem homogeneidades de composição. Esta questão é abordada nesta tese através de uma nova abordagem para criar uma superfície modelo 1/ com uma película fina de carbono tipo diamante (DLC), um material mono-elementar, amorfo e ultra-suave com propriedades biocompatíveis e 2/ utilizando uma ferramenta de modelação, a fresagem por feixe de iões focalizados (FIB), que produz padrões de tamanho proporcional ao tamanho das proteínas. A secção seguinte apresenta algumas informações de base sobre os materiais DLC.

2.7 Carbono tipo diamante (DLC)

2.7.1 Propriedades

O carbono tipo diamante (DLC) é uma forma metastável densa de carbono que contém uma quantidade considerável de carbono ligado por sp^3 , como no diamante. Este teor de sp^3 confere ao DLC propriedades físicas e mecânicas atractivas, tais como elevada dureza e resistividade eléctrica, como no diamante. O DLC é geralmente amorfo e só existe sob a forma de película fina. De facto, o DLC inclui uma gama de materiais de carbono, como o carbono amorfo hidrogenado (a-C:H), formado por deposição de vapor químico melhorada por plasma (PECVD) [70], o carbono tetraédrico (ta-C), preparado por deposição por arco catódico de vácuo filtrado (FCVA) [71] ou por ablação por laser pulsado (PLA) e o carbono amorfo (a-C), depositado por pulverização catódica [72]. Os diferentes tipos de películas de DLC estão resumidos na figura 2.9, que descreve a estrutura-composição num diagrama de fase ternário de concentrações de sp^2 , sp^3 e H. A fração de sp^3 em a-C:H é de cerca de 50%, com valores de dureza (H) e módulo de Young de cerca de 20 GPa e 150 GPa. No ta-C, a fração de sp^3 pode atingir 85%, com valores de H e E de 70 GPa e 500 GPa.

As películas de DLC são utilizadas em aplicações ópticas, eléctricas e biomédicas devido à temperatura de deposição geralmente baixa, à facilidade de deposição numa vasta gama de materiais (incluindo polímeros), à elevada suavidade da superfície, à elevada dureza, à resistência à corrosão, à elevada biotolerância, à biocompatibilidade e à proteção contra a metalose (infeção óssea devida a implantes metálicos). Sendo um material liso e hidrofóbico, o DLC também tem sido utilizado para estudos de adsorção de proteínas.

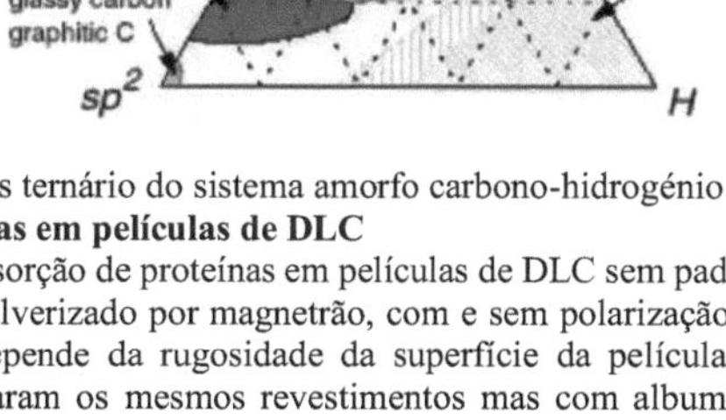

Figura 2.9: Diagrama de fases ternário do sistema amorfo carbono-hidrogénio [73]

2.7.2 Adsorção de proteínas em películas de DLC

Existem muitos estudos de adsorção de proteínas em películas de DLC sem padrão. Lousinian et al. utilizaram um revestimento de a-C:H pulverizado por magnetrão, com e sem polarização, e descobriram que a camada de fibrinogénio adsorvida depende da rugosidade da superfície da película de a-C:H [74]. Num estudo semelhante, os autores utilizaram os mesmos revestimentos mas com albumina de soro humano (HSA) e descobriram que a topografia e a rugosidade da superfície das camadas de proteínas dependem da topografia e da rugosidade da superfície da película [75]. Outros grupos estudaram o efeito da dopagem na adsorção de proteínas, com elementos como Ag [76], Al [77], Ni, Fe e Si [78].

Uma investigação recente sobre nanolitografia por imersão (DPN) examinou a forma como as proteínas BSA se difundiam nas superfícies ta-C e a-C:H-Si, escrevendo linhas espaçadas de 100 nm, e encontrou diferenças notáveis entre as duas superfícies DLC [79]. No entanto, até à data, não existem estudos de adsorção de proteínas em DLC nano-padronizado.

2.8 Conclusão

A literatura sobre a adsorção de proteínas em superfícies foi revista, começando com uma descrição geral da função, estrutura e solubilidade das proteínas. Foi também examinada a relação entre a adsorção de proteínas e a resposta celular, no que respeita à compatibilidade dos biomateriais, em especial o efeito da química e da topografia da superfície. A modelação, como meio de alterar a topografia, tem sido utilizada para uma variedade de utilizações, para bio-chips e bio-sensores, mas também como método para controlar a adesão das células e a adsorção de proteínas. A crescente literatura sobre a utilização de nanopadrões para controlar especificamente a adsorção de proteínas tem dado, até à data, resultados inconclusivos. Um dos desafios consiste em produzir um modelo de superfície que permita a produção de padrões topográficos controlados sem variações de composição. Uma ideia, que é implementada nesta tese, é a utilização de filmes de carbono tipo diamante, devido à sua comprovada bio-compatibilidade, suavidade, inércia e natureza hidrofóbica: condições que preenchem facilmente os requisitos de uma superfície modelo para a adsorção de proteínas. Assim, o capítulo termina com uma revisão da literatura sobre filmes de DLC para estudos de adsorção de proteínas.

CAPÍTULO 3

Materiais e métodos experimentais

Este capítulo descreve os métodos de preparação do material, bem como as diferentes técnicas de caraterização utilizadas ao longo da tese.

3.1 Preparação do material

3.1.1 Preparação de soluções proteicas

As soluções de proteínas foram preparadas utilizando duas proteínas, nomeadamente albumina de soro bovino (BSA) e fibrinogénio de plasma bovino (BPF) da Sigma Aldrich UK (Cat. n.º A2153 e F8630). Os solventes utilizados para fazer a solução de proteínas foram a solução de tampão fosfato salino (PBS) 0,01M (pH 7,4, Sigma Aldrich Cat. n.º P4417) e água desionizada (pH 7,0, resistividade 15MQ-cm Elga PURELAB DV25). Foram utilizadas concentrações de 1 e 0,1 mg/ml para a albumina e o fibrinogénio, respetivamente, o que dá uma relação albumina/fibrinogénio de 10:1, semelhante à encontrada no sangue [1].

3.1.2 Adsorção de proteínas

A adsorção de proteínas foi efectuada em amostras de a-C:H de 1 x 1 cm^2 utilizando os métodos de gota e de imersão. No método da gota, um volume de 10 pl de solução proteica foi gotejado sobre a amostra de a-C:H posicionada numa superfície nivelada e deixada a secar ao ar. Para a imersão, as amostras foram colocadas numa placa de 24 poços e imersas em 2 ml de solução proteica durante uma hora a 37° C. A partir de estudos cinéticos, já foi demonstrado que um tempo de incubação de 1 hora é suficiente para atingir o equilíbrio sem efeitos significativos da concentração [2]. Após uma hora, as amostras foram retiradas da solução proteica, lavadas com água desionizada e depois secas num fluxo suave de N2. Todas as experiências AFM foram efectuadas diretamente após a remoção da amostra da solução proteica.

3.1.3 Deposição PECVD de um revestimento a-C:H

A deposição de vapor químico enriquecida com plasma (PECVD) é uma técnica utilizada para depositar uma variedade de películas finas, particularmente a uma temperatura mais baixa do que a utilizada na técnica convencional de deposição de vapor químico (CVD).

O princípio desta técnica consiste em utilizar a energia eléctrica para gerar uma descarga incandescente (plasma), na qual a energia é transferida para uma mistura gasosa. Esta mistura gasosa é dividida em radicais reactivos, iões, átomos e moléculas. Estes fragmentos interagem com o substrato e, dependendo da natureza das interações, ocorrem processos de gravação ou deposição no substrato. Uma vez que todo o processo de formação de espécies reactivas ocorre na fase gasosa, o substrato pode ser mantido a uma temperatura mais baixa do que no processo CVD convencional, o que constitui a maior vantagem do processo PECVD. As propriedades desejáveis das películas PECVD são uma boa adesão, poucos defeitos, menor probabilidade de fissuração da camada depositada, boas propriedades dieléctricas da camada depositada, boa cobertura e uniformidade. A Figura 3.1 mostra o diagrama esquemático do processo PECVD.

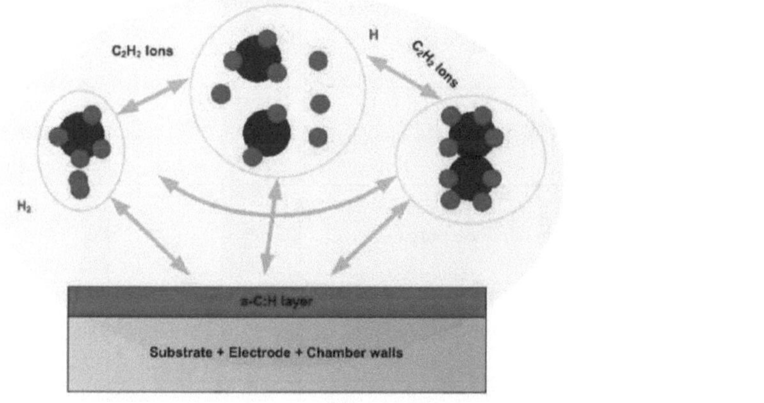

Figura 3. 1Diagrama **esquemático** do funcionamento do PECVD

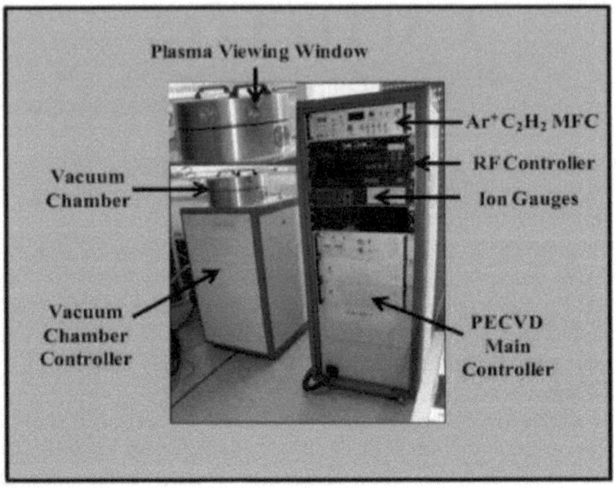

Figura 3.2 DIAVAC ACM Ltd. Modelo: Sistema PECVD RF10S

No presente trabalho, foram depositadas películas de carbono amorfo hidrogenado (a-C:H) em substratos de Si (tipo p) utilizando PECVD de radiofrequência (13,56 MHz) acoplado capacitivamente (figura 3.2) fornecido pela DIAVAC ACM Ltd (Modelo: RF10S). Antes da deposição, a tampa da câmara e a placa de suporte das amostras foram devidamente limpas com papel de esmeril de grau 40, 80, 100 e 400, seguidas de lavagem com acetona e secagem com secador. Os substratos de silício foram colocados na placa catódica e, após o ciclo de purga (com gás Ar), foi introduzido acetileno (C2H2) na câmara. O plasma iniciado pela polarização RF resulta na dissociação do gás C2H2 e no bombardeamento de radicais de hidrocarbonetos e iões de carbono energéticos no substrato, alguns dos quais podem adsorver-se em locais preferenciais e depositar-se inicialmente numa película de baixa densidade. Numa fase posterior, o plasma remove o hidrogénio, dando origem a uma película mais densa[3, 4]. As películas produzidas por este método têm uma dureza de ~ 10-20 GPa e um módulo de Young de ~ 100-200 GPa [5-7].

Os parâmetros utilizados para depositar o revestimento a-C:H estão resumidos na tabela 3.1.

Quadro 3.1: Parâmetros de deposição de carbono amorfo hidrogenado (a-C:H)

Parâmetro de deposição	**Unidades**	**Valores**
Pressão da câmara antes da purga	Torr	2.3 x 10-6
Pressão da câmara durante a purga	Torr	1.5 x 10-6
Caudal de árgon durante a purga	sccm*	60
Tempo de purga	sec	180
Tensão de polarização durante a purga	V	-300

Pressão da câmara durante a deposição	Torr	7.8 x 10^{-3}
Caudal de árgon durante a deposição	sccm	10
Caudal de acetileno durante a deposição	sccm	20
Rácio árgon-acetileno	-	1:2
Tempo de deposição	sec	180
Tensão de polarização	V	300
Potência	W	65

*centímetros cúbicos padrão por minuto (sccm)

Foram também colocados na câmara cupões de bolacha de silício de 2 x 2 cm^2 como referência para a medição da espessura. Uma tira de caneta fotorresistente foi marcada na amostra antes de serem colocadas na câmara de deposição. Após a deposição, a marca da caneta fotorresistente foi dissolvida lavando as amostras com acetona. A altura do degrau criada por este método foi medida com a ajuda de um microscópio de força atómica (AFM) para obter a espessura da película.

3.2 Caracterização do material

3.2.1 Microscopia de força atómica (AFM)

O princípio de funcionamento consiste no facto de uma ponta percorrer uma superfície com um mecanismo de feedback, que a mantém a uma força constante (para obter informações sobre a altura) ou a uma altura constante (para obter informações sobre a força). A cabeça AFM é constituída por um sistema de deteção ótica em que a ponta é fixada na parte inferior de um cantilever refletor. Um laser de díodo é focado na parte de trás do cantilever refletor e, à medida que a ponta percorre a superfície, a curvatura do cantilever normal à superfície faz com que o feixe de laser se desvie do cantilever fixado para um fotodetector (normalmente um fotodíodo) [8, 9]. O movimento da sonda sobre a superfície da amostra é controlado por um scanner piezoelétrico que pode mover a sonda nas direcções x, y e z. O mecanismo de feedback funciona da seguinte forma. O sinal do fotodetector é comparado com um sinal de referência; o sinal de erro (isto é, fotodetectado-referência) é utilizado para controlar o movimento z do scanner de modo a zerar este sinal de erro, o que resulta numa distância constante entre a superfície da amostra e a base da alavanca. As sondas mais vulgarmente utilizadas são as de silício (Si) e de nitreto de silício (Si3N4), com um raio de ponta que varia entre 5 e 20 nm. A figura 3.3 mostra um diagrama esquemático do funcionamento do AFM.

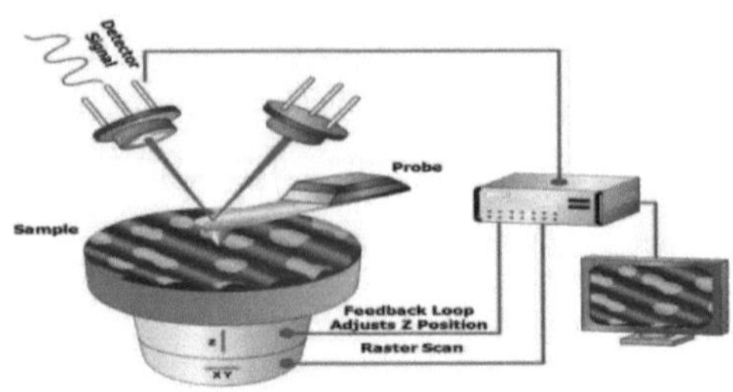

Figura 3.3: Diagrama esquemático do funcionamento da AFM [10]

3.2.1.1 AFM Saltar para o contacto

Para pequenas deflexões, as alavancas AFM são deformadas elasticamente, pelo que a relação entre a força F e a deflexão do cantilever Ac segue a lei de Hooke [11]:

$$F = -k_c \Delta_c \qquad 3.1$$

Onde kc é a constante de mola do cantilever. Para esboçar a interação da ponta que se aproxima com a superfície, é necessário recordar a forma geral das interações entre moléculas e átomos a curtas distâncias, mostrada de forma genérica na Figura 3.4, para um potencial de Lennard-Jones com um termo repulsivo a/r^{12} a curta distância e um termo atrativo $-b/r^6$ a longa distância. Começando longe da superfície, em algum momento durante a aproximação, as interações de longo alcance (electrostáticas ou de Van der Waals, 1-100 nm) [12] desviam a sonda para baixo (regime atrativo), cada incremento de força dF é equilibrado pela força de restauração da alavanca -kc.dZ. Uma equação de movimento simplificada para a ponta é;
Rearranjando um encontra:

$$m\frac{d^2}{dt^2}(dZ) = -kdZ + dF \qquad 3.2$$

Se a derivada da força exceder a rigidez da alavanca, a solução é exponencial, ou seja, a alavanca entra em contacto (JC). Uma vez que, na maioria das interações, a derivada aumenta fortemente a curta distância, este fenómeno de JC ocorre na maioria das situações, tipicamente em torno de 1-2 Angstrom [13].

$$\frac{d^2}{dt^2}(dZ) + \frac{[k - \frac{\delta F}{\delta Z}]}{m} dZ = 0 \qquad 3.3$$

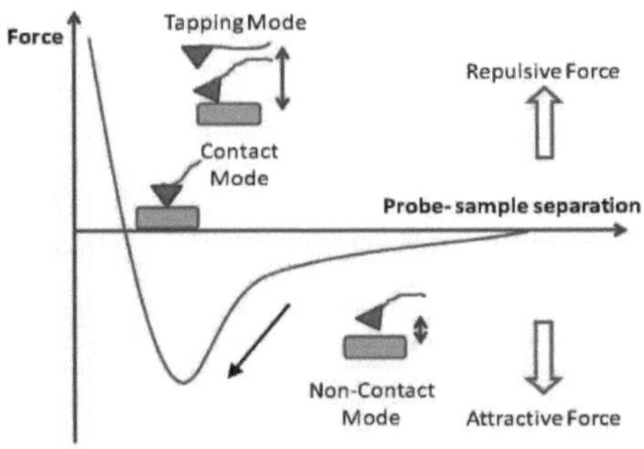

Figura 3.4: Força em função da separação sonda-amostra [14], a seta preta mostra o salto para o contacto.

Com base na separação da superfície da sonda, existem 3 modos primários de obtenção de imagens em AFM, como se mostra na tabela 3.2 [14] e se discute nos parágrafos seguintes.

Tabela 3.2: Diferentes modos de AFM

Modo de contacto AFM	< 0,5 nm de separação entre a superfície da sonda e a superfície
Modo sem contacto AFM	0,1-10 nm de separação entre a superfície da sonda e a superfície
Modo de batida AFM (contacto intermitente)	Separação sonda-superfície de 0,5-100 nm

3.2.1.2 Modo de contacto

No AFM em modo de contacto, o circuito de realimentação regula a deflexão do cantilever. Assim, as imagens são obtidas com uma força constante e a ponta está no regime repulsivo (figura 3.4). O modo de contacto tem como vantagens a simplicidade, o varrimento rápido, a análise de fricção, a capacidade de obter imagens de amostras mais rugosas, etc., enquanto a principal desvantagem é que a resolução é limitada pela área de contacto entre a ponta e a amostra, que aumenta com a força aplicada. Além disso, a força de arrastamento durante o varrimento pode danificar ainda mais a superfície. Para limitar esta situação, a CAFM é normalmente efectuada com alavancas suaves (kc=0,01 N/m a 0,1 N/m) com pontos de regulação de força baixos. Em última análise, o ruído térmico limita a força mais baixa que se pode obter e, consequentemente, a resolução que se pode obter. Isto pode ser calculado considerando o equilíbrio entre a energia elástica e a energia térmica;

$$\frac{kx^2}{2} \sim \frac{3K_BT}{2} \rightarrow \sqrt{\langle x^2 \rangle} = \left(\frac{3K_BT}{k}\right)^{\frac{1}{2}} \qquad 3.4$$

Assim, para k = 0,06 N/m (cantilever CAFM)

$\sqrt{\langle x^2 \rangle} = 0.44$ nm $\qquad \Delta f = 26$ pN

Outra fonte de erro é o ruído devido ao díodo laser e à corrente escura do detetor, o que significa que a resolução de força alcançável para o sistema AFM utilizado ao longo desta tese foi de cerca de 60 pN.

No entanto, o funcionamento com pontos de regulação de força baixos nem sempre é suficiente para minimizar a deformação da amostra, especialmente no caso de materiais macios. Isto deve-se frequentemente ao facto de, mesmo quando o ponto de regulação da força é de apenas 100 pN, a força experimentada pela superfície ser muito maior (vários nN) devido à força de adesão entre a amostra e a ponta. Esta adesão é frequentemente devida à condensação capilar e uma forma de a reduzir significativamente é operar o sistema numa célula líquida. De facto, o funcionamento da CAFM em líquidos revelou-se particularmente útil para a obtenção de imagens de materiais moles [15].

3.2.1.3 Modo sem contacto

No modo sem contacto (NCAFM), a sonda é uma alavanca muito rígida (kN/m) e oscila na sua frequência natural, com pequenas amplitudes (0,1-1 nm). Permanece no regime de não contacto. Geralmente, o feedback regula a frequência. A interação ponta/superfície desloca o pico de ressonância para baixo, no caso de interações atractivas, e a realimentação utiliza este desvio de frequência como medida da proximidade da amostra. Este modo de funcionamento permitiu obter uma resolução atómica.

3.2.1.4 Modo de toque

O modo de batimento é, de longe, o modo AFM mais comummente utilizado. Neste modo, um cantilever oscila na sua frequência de ressonância. À medida que a ponta (batendo ligeiramente) percorre a superfície, a amplitude da sua oscilação diminui, sendo este amortecimento medido pelo fotodetector e utilizado pelo circuito de realimentação. Por conseguinte, o modo de batimento é muitas vezes referido como uma técnica de modulação de amplitude. Ao manter a amplitude de oscilação constante, mantém-se uma interação constante entre a ponta e a amostra e forma-se uma imagem da superfície. As principais vantagens do modo de batimento são a obtenção de imagens de alta resolução de amostras moles (também biológicas) ou de amostras com limites pouco rígidos, bem como a redução dos danos nas amostras. O AFM utilizado para este estudo é apresentado na figura 3.5.

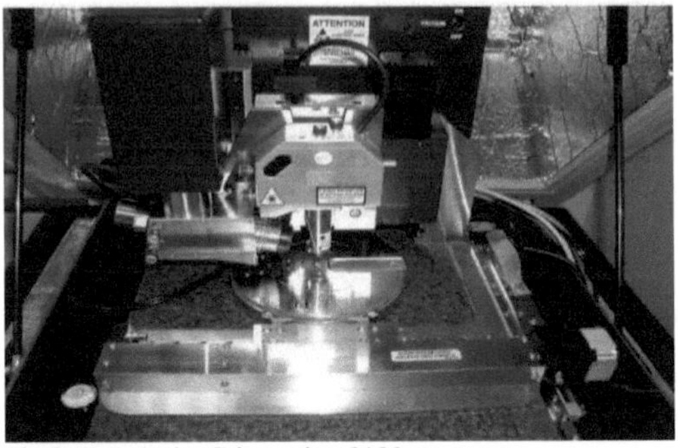

Figura 3.5: Microscópio de força atómica Dimension 3100

Geralmente, a ressonância da alavanca é identificada antes do contacto com a superfície, 1 mm acima da superfície, varrendo a frequência de 0 a 400 kHz. Isto é normalmente efectuado com uma amplitude alvo fixa, por exemplo 2V. O ponto de ajuste da batida é escolhido o mais leve possível (ou seja, 90% da amplitude livre) e a abordagem é efectuada com um tamanho de varrimento mínimo ou nulo, para reduzir o efeito de um contacto duro com a amostra. Uma vez detectada a superfície, é utilizado um procedimento em que a ponta é levantada a uma distância fixa acima da amostra, ou seja, 100 nm, e a frequência é novamente varrida. Normalmente, verifica-se uma redução da amplitude do pico e uma deslocação da frequência do pico. Este amortecimento não se deve à interação ponta/superfície, mas é hidrodinâmico e causado pela compressão do ar ambiente a esta pequena distância. Assim, o procedimento permite redefinir o ponto de ajuste em relação a esta amplitude, que representa a nova "energia livre" da alavanca.

Salvo indicação em contrário, os valores de amplitude utilizados nesta tese são todos os valores de amplitude AC fotodetectados a partir da oscilação do elemento piezoelétrico. Além disso, todos os valores de amplitude são valores RMS. No entanto, os valores pico a pico podem ser obtidos dividindo-os por 0,707. Todas as imagens AFM do presente estudo foram adquiridas utilizando o modo de batimento AFM ou o modo de contacto AFM. A geometria da ponta foi monitorizada utilizando um algoritmo de reconstrução cega (software SPIP) [16] numa amostra TipCheck® padrão para verificar se a ponta AFM permanecia nítida durante todo o processo de obtenção de imagens, tal como referido na secção 3.2.4.

3.2.2 Curvas de força

Para além de obter imagens da amostra, o AFM pode também realizar uma experiência estacionária de empurrar e puxar que regista a quantidade de força sentida pelo cantilever à medida que a ponta é aproximada da superfície e depois retirada. Esta técnica pode ser utilizada para medir as forças atractivas ou repulsivas de longo alcance e pode ser utilizada para determinar as propriedades químicas e mecânicas, como a adesão, a elasticidade, a dureza, os comprimentos de ligação de rutura, etc. Esta secção descreve em pormenor o método utilizado para efetuar medições de forças AFM. A figura 3.6 mostra uma curva de força típica que explica diferentes interações sonda-amostra.

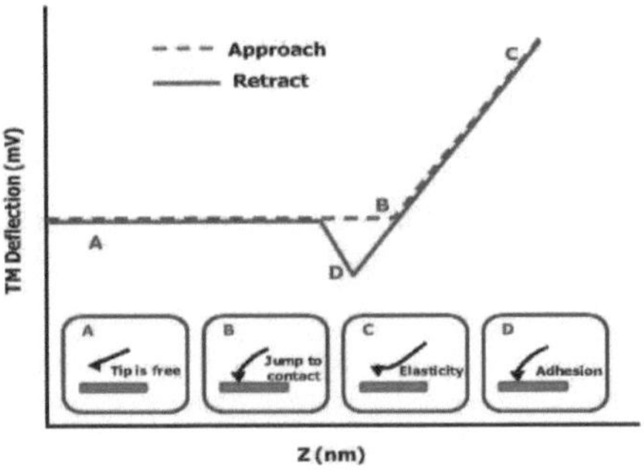

Figura 3.6 Uma curva de força típica que mostra várias interações entre a sonda e a amostra

Tal como ilustrado na figura 3.6, são adquiridas duas parcelas após o ciclo de aproximação-retração. Na prática, o sistema utiliza um limiar de ativação relativo para a deflexão do laser. Isto é, monitoriza a deflexão em relação à do ponto A e quando esta deflexão atinge o limiar (no ponto C), inicia a retirada. Normalmente, a parte de aproximação do ciclo é utilizada para o estudo da força de superfície e em experiências de nanoindentação, por exemplo, o declive da deflexão (C) fornece informações sobre as deformações mecânicas, que podem ser elásticas (módulo de Young) ou plásticas (dureza), enquanto a parte de retração da curva é útil para a medição da força de adesão, por exemplo, para o estudo da extensão de proteínas e polímeros, etc. Quando a força aplicada excede a força de adesão ponta-superfície, a ponta desliga-se da superfície e esta força de arrancamento é considerada como a força de adesão, que está relacionada com a energia interfacial ponta/superfície [17]. De acordo com a teoria de Johnson- Kendall-Roberts (JKR), esta força de arrancamento é dada por: $F_c = -3\pi R\gamma$, onde R é o raio da ponta e γ é a energia interfacial entre ponta e superfície. A força de adesão pode ser calculada diretamente a partir da deflexão do cantilever Ac sob a força de tração a partir da relação: $F_A = -k \Delta_c$, onde k é o constante de mola do cantilever.

As curvas de força descritas acima podem ser referidas como curvas de força DC. Também é possível efetuar uma curva de força através da monitorização da amplitude de oscilação da alavanca, uma curva de força AC. Neste caso, o limiar está na amplitude e pára no ponto de ajuste da batida. Estas curvas foram analisadas em pormenor e informam sobre o regime de batimento, o batimento suave "sem artefactos", uma região de histerese em que a ponta se encontra num regime bi-estável e, finalmente, uma região de batimento duro, caracterizada por um tempo de contacto elevado e uma força elevada em que as deformações mecânicas são significativas [18, 19]. Nesta tese, estas curvas de força AC foram utilizadas para otimizar a obtenção de imagens (ou seja, permanecer no regime suave) e também para caraterizar a adesão. A Figura 3.7 mostra um exemplo de uma curva de força AC numa superfície de C:H.

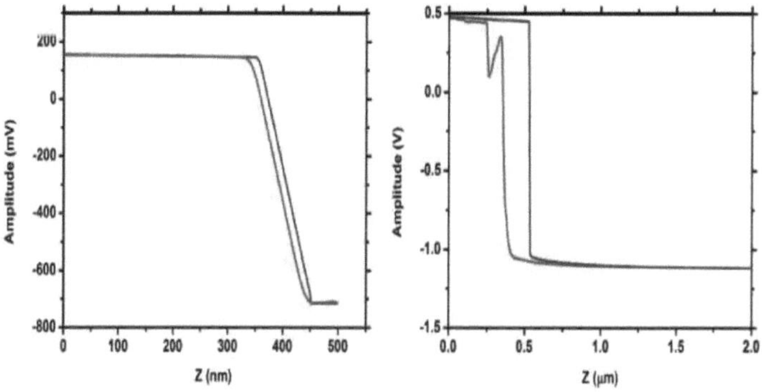

Figura 3.7 Curvas de força AC numa superfície a-C:H (esquerda) e numa superfície polimérica (direita).

1.1.3 Varrimento AFM em modo de elevação intercalado

A microscopia AFM é mais frequentemente utilizada para analisar a topografia da superfície. Isto nem sempre é conseguido porque o sinal medido também depende das propriedades locais da superfície. No caso das imagens CAFM, a rigidez mecânica, a adesão e a fricção podem influenciar o sinal. A TAFM também pode ser influenciada pelas propriedades da superfície, tal como referido anteriormente. O que parece ser uma limitação pode ser utilizado com vantagem para medir simultaneamente a topografia e a composição, utilizando o modo intercalado (IL) com a opção Lift do microscópio AFM. Neste modo de funcionamento, são efectuados dois exames alternadamente, linha a linha. O varrimento principal é efectuado geralmente em condições de luz para obter a topografia ou, pelo menos, minimizar os artefactos de composição. O segundo varrimento, o varrimento intercalado, é efectuado com a realimentação desligada a uma altura de elevação fixa, apresentando um sinal (isto é, fase ou amplitude) enquanto "segue" a topografia adquirida no varrimento principal. A ideia é que este varrimento IL dá um maior contraste de composição. Assim, a técnica produz um contraste topográfico e composicional independente. Se a altura de elevação for positiva, a ponta permanece no regime NCAFM (atrativo), especialmente se a amplitude de acionamento for reduzida. Se a altura de elevação for negativa, a ponta é empurrada contra a superfície. Assim, o sinal fornece informações sobre a deformação da amostra. No entanto, neste último caso, a ponta deve ser montada num suporte bimorfo que possa fornecer energia suficiente à sonda para manter a oscilação durante o contacto. A figura 3.8 resume o princípio da técnica, enquanto a figura 3.9 mostra um exemplo desta técnica.

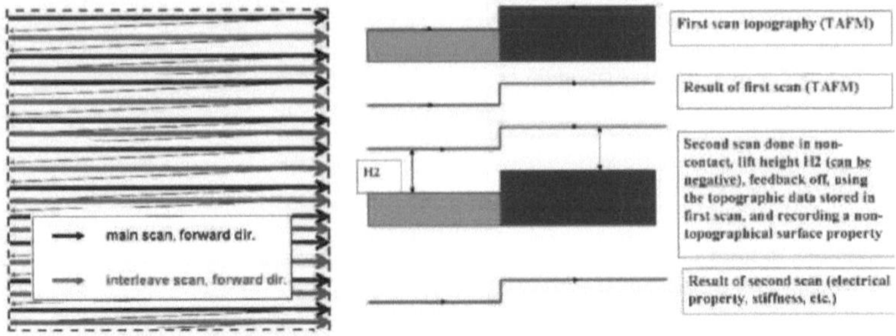

Figura 3.8: Princípio do varrimento intercalar utilizado isoladamente (esquerda) e com o modo de elevação (direita)

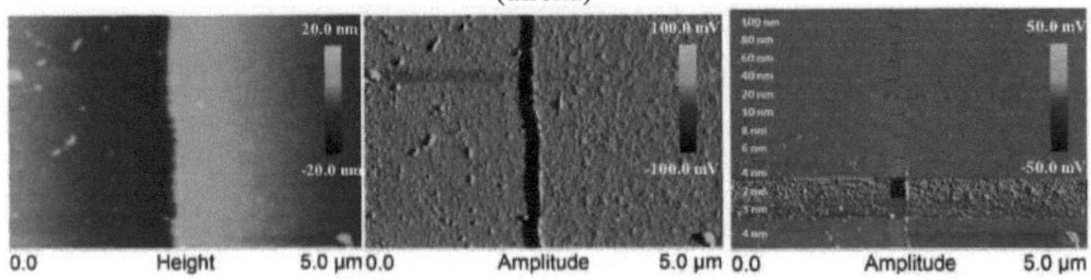

Figura 3.9: Intercalar e altura de elevação positiva para ouro em Si: Varrimento principal de altura (esquerda), varrimento principal de amplitude (meio) e varrimento intercalado de amplitude com alturas de elevação variáveis (direita)

Deve ter-se em atenção, no entanto, que o contraste no exame do elevador de IL pode não ser completamente composicional. Isto pode dever-se a artefactos de feedback no exame principal, levando à dissipação de energia na extremidade de caraterísticas de superfície acentuadas. Pode também dever-se a variações da área de contacto ponta/superfície com a topografia, uma vez que este parâmetro influencia tanto a adesão como a rigidez, no caso de aquisições de alturas de elevação negativas.

1.1.4 Funcionamento do DPFM

Outro método para obter informações sobre a composição, independentemente da topografia, consiste em utilizar o modo de força de impulso digital (DPFM), um acessório da WiteC GmbH. Nesta técnica, um controlador AFM de grande largura de banda com uma taxa de aquisição rápida é utilizado para obter curvas de força AC para cada pixel da imagem AFM, enquanto a imagem é obtida no modo CAFM. As curvas de força AC são derivadas de um oscilador piezoelétrico no qual a amostra se encontra. Este oscilador é acionado com tensões de 1 a 20V, normalmente com frequências que variam de 0,3-1 kHz. A figura 3.10 apresenta uma curva de força exemplar. A posição 1 representa o fenómeno do salto para o contacto (JC), a posição 2 o segmento de carga que termina em 3, a posição 4 é a força de arranque e as oscilações amortecidas observadas em 5 são devidas à influência da atmosfera ambiente. O software utiliza algoritmos para definir um número de canais em linha que calculam uma determinada quantidade dentro de uma janela de tempo pré-determinada. Por exemplo, a rigidez é identificada a partir do declive da curva na região 2, a força de aderência a partir do valor Y mínimo numa janela centrada no evento de descolagem, etc. Estes canais podem ser enviados para o controlador AFM e visualizados como imagens. Na figura 3.11 apresenta-se um exemplo de uma amostra de compósito carbono-epóxi, em que a área circular vista na imagem representa a fibra de carbono mais rígida.

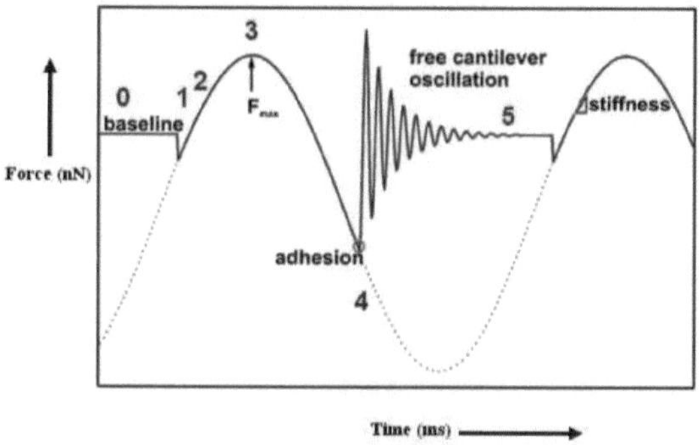

Figura 3.10: Princípio básico da Modulação Digital de Força de Impulso (Cortesia da Witec)

Figura 3.11: Exemplo de imagens DPFM obtidas com uma alavanca TESPA, 40 N/m, para um compósito de fibra de vidro; imagem da altura (esquerda), imagem da rigidez (centro) e imagem da aderência (direita). A rigidez foi calculada com o declive DPFM no ponto 2 da figura 3.10 e a adesão como a força de arrancamento no ponto 4 da figura 3.10. Neste caso, a técnica DPFM detectou uma maior rigidez para as fibras. Obviamente, o comentário feito sobre a pureza do contraste composicional para o funcionamento do modo IL lift aplica-se igualmente ao modo DPFM; a rigidez e a adesão são influenciadas por artefactos topográficos, bem como pela convolução da área de contacto pela topografia da superfície.

1.1.5 Calibração do cantilever AFM

A constante de mola do cantilever é normalmente fornecida pelo fabricante, mas nem sempre é exacta, pelo que deve ser calibrada. Neste estudo, foi utilizado o método de Sader [20] para estimar os valores da constante de mola de diferentes consolas. A constante de mola normal do cantilever (k) é definida como a força normal (F) experimentada pelo cantilever dividida pela deflexão (z) do cantilever, como se mostra na figura 3.12.

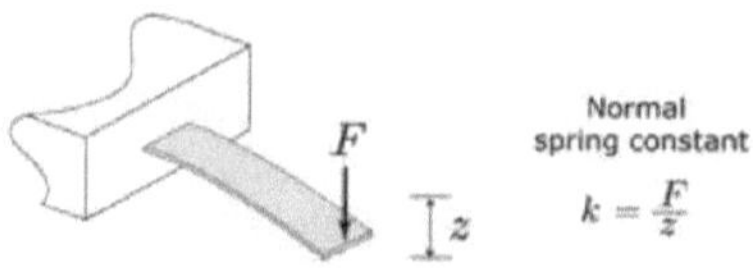

Figura 3. 12 Ilustração esquemática da constante normal da mola

O método de Sader requer o comprimento L e a largura b do cantilever, bem como a frequência de ressonância Wf e o fator de qualidade Q da ressonância. É importante notar que este método funciona apenas para os cantilevers cujo comprimento excede largamente a sua largura, que por sua vez excede largamente a sua espessura. A equação para o método de Sader é a seguinte: onde pf é a densidade do fluido circundante, b e L são a largura e o comprimento do cantilever, respetivamente, Qf é o fator de qualidade, r i é a componente imaginária da função hidrodinâmica r [21]. Esta expressão é normalmente válida quando o fator de qualidade é >> 1, o que é normalmente o caso quando os cantilevers são colocados no ar.

$$k = 0.1906\rho_f b^2 L Q_f \Gamma_i(\omega_f)\omega_f^2 \quad 3.5$$

A **figura 3.13** mostra a imagem ótica de uma ponta TESPA, indicando o comprimento e a largura reais do cantilever, calculados como média de 5 medições ao longo do comprimento.

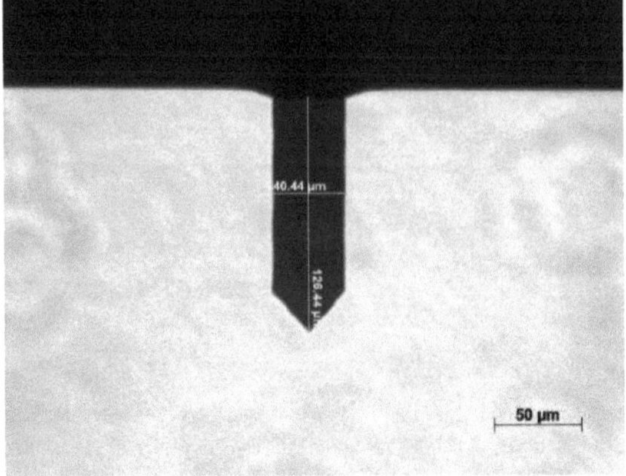

Figura 3.13: Imagem ótica da cantilever TESPA

A Tabela 3.3 resume os valores da constante de mola (k) obtidos do fabricante e os obtidos pelo método de Sader.

Tabela 3.3: Comparação da constante de mola (k) de diferentes cantiléveres

	Valor do fabricante (N/m)	Método Sader (N/m)
Cantilevers TESPA	20-80	25-29
Tap300DLC	40	50-52

3.2.4 Técnica de raspagem

A microscopia de força atómica (AFM) pode ser utilizada para estudar a tribologia dos nanocontactos, em especial para obter informações à escala nanométrica sobre o atrito, a adesão e o desgaste [22]. Por exemplo, a AFM tem sido utilizada para investigar a resistência ao risco de revestimentos de carbono tipo diamante utilizando técnicas de ensaio de risco e desgaste à escala nanométrica [23-25]. Em geral, durante um ensaio de riscagem por AFM, a ponta move-se em direção à superfície, entra em contacto e penetra na superfície, move-se lateralmente através da amostra e, em seguida, levanta-se da superfície da amostra. O movimento do scanner é desativado no eixo de varrimento lento, de modo a que o seu movimento na direção do eixo longo resulte em linhas sobrepostas (50-100 linhas), definindo o risco final. A direção de varrimento é normalmente perpendicular à direção da alavanca. A Figura 3.14 mostra uma imagem T-AFM de um risco no BPF-PBS numa superfície C:H, outra imagem é mostrada no Apêndice A.

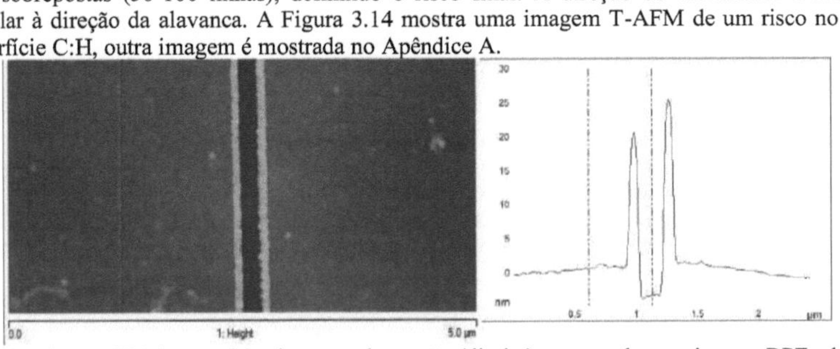

Figura 3.14: Altura AFM (esquerda) e imagem de secção (direita) mostrando um risco na BPF adsorvida na

superfície a-C:H (a escala vertical é de 50nm).

3.2.5 Calibração da ponta

Obtém-se uma boa concordância entre os resultados das medições e a forma real dos pormenores da superfície se esta tiver pequenas alturas, baixos rácios de aspeto e ângulos laterais inferiores ao ângulo do vértice da ponta AFM. Nestes casos, a forma e o raio da ponta têm uma influência muito pequena nos resultados da medição.

No entanto, na maioria dos casos, uma imagem AFM é distorcida pela convolução da ponta e da superfície real, dando origem a caraterísticas de maiores dimensões. A geometria da ponta pode ser verificada através da digitalização de amostras com caraterísticas de superfície conhecidas [26-28]. Um método mais geral é a reconstrução cega, que não requer o conhecimento prévio da amostra padrão [16, 29]. Nesta tese, foi utilizado um método de reconstrução cega concebido para o software de análise de imagens SPIP. A Figura 3.15 mostra um exemplo de uma ponta afiada e uma ponta romba adquiridas numa amostra TipCheck da BudgetSensors. No Apêndice A é apresentado um exemplo de artefactos de ponta devido a uma ponta AFM romba.

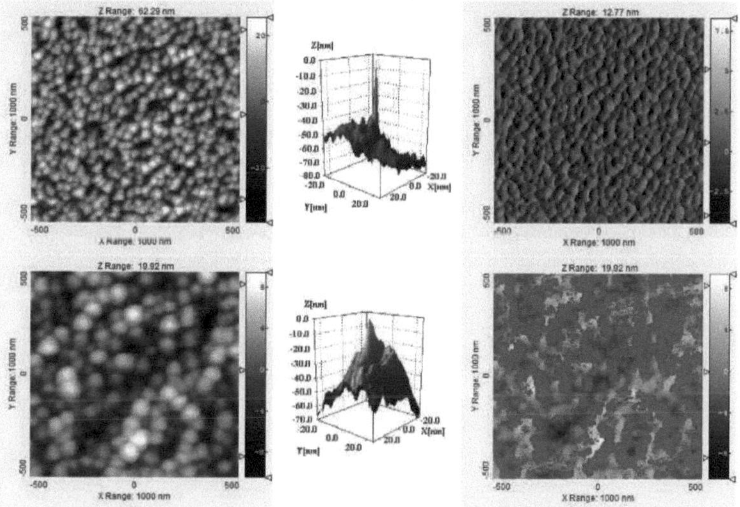

Figura 3. 15 Exemplo de uma ponta afiada (em cima) e de uma ponta bastante embotada (em baixo). Imagem em altura da amostra TipCheck padrão (esquerda), imagem 3D da ponta (centro) e mapa de não certeza (direita), a parte vermelha mostra a área sondada pela ponta para além do seu ápice.

3.2.6 Análise de partículas

A análise de partículas foi efectuada em superfícies padronizadas e não padronizadas para proteínas adsorvidas. A opção de análise de partículas incorporada no software de análise nano-scope baseia-se numa técnica de limiar e foi utilizada para estimar as partículas presentes na superfície, identificadas como proteínas. A altura do limiar foi utilizada como um estímulo e permitiu o controlo até ao ponto em que é possível ver as partículas individuais, antes de estas se começarem a fundir umas com as outras. A Figura 3.16 mostra um exemplo de altura mínima e máxima do limiar.

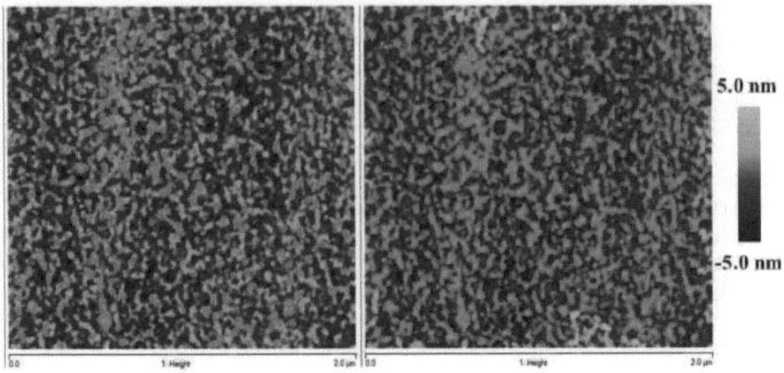

Figura 3.16 Análise do tamanho das partículas de proteínas adsorvidas numa superfície a-C:H. A identificação
A identificação das partículas depende do parâmetro de ajuste; altura do limiar. Este parâmetro é ajustado até as partículas identificadas começarem a fundir-se (aqui visto na imagem da direita). O diâmetro estimado das partículas neste caso é de 30 + 8 nm.

3.2.6 Microscópio eletrónico de varrimento e espetrómetro de raios X com dispersão de energia

Um microscópio eletrónico de varrimento (SEM) baseia-se no seguinte princípio. Um feixe de electrões é gerado por uma fonte (normalmente um filamento de tungsténio) e é acelerado através de uma tensão elevada (por exemplo, 20kV). Uma combinação de lentes e aberturas electromagnéticas produz um feixe muito fino que varre a superfície da amostra com a ajuda de uma bobina de varrimento. Os electrões reflectidos por esta ação de varrimento são recolhidos por um detetor adequadamente posicionado, cuja saída modula o brilho do ponto no ecrã. Geralmente, as áreas claras representam os picos, enquanto as áreas escuras representam os vales. A figura 3.17 explica o princípio básico da técnica.

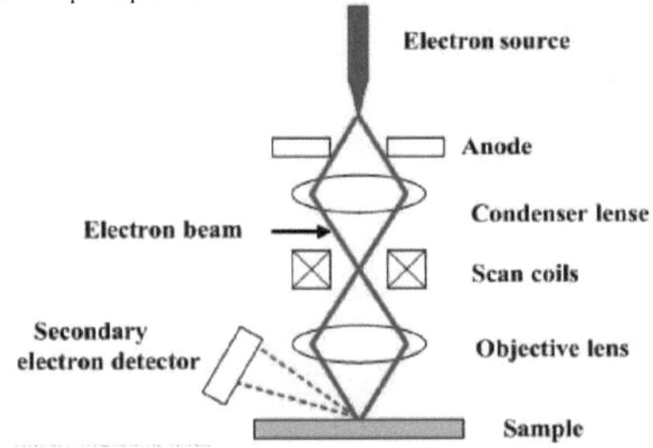

Figura 3.17 Ilustração esquemática do microscópio eletrónico [30]

Com base na interação do feixe de electrões com a superfície da amostra, são possíveis dois tipos de imagens: imagens de electrões secundários (SE), que proporcionam alta resolução e são sensíveis à superfície, e imagens de electrões retrodispersos (BSE), que proporcionam baixa resolução mas um maior contraste de composição. Neste projeto, foram utilizados dois SEM, um Hitachi S3200 e um sistema FEI Quanta 200. Estes microscópios electrónicos têm uma ampliação nominal que varia entre 60X e 300.000X, com uma tensão de aceleração que varia entre 5 e 30 kV. A distância de trabalho típica varia de 5 mm a 15 mm, enquanto a pressão da câmara utilizada foi de 10^{-6} mbar.

A análise de raios X por dispersão de energia (EDX) é utilizada em conjunto com o SEM para efetuar a microanálise química da amostra. Uma das interações dos electrões com a superfície da amostra envolve a emissão de um fotão de raios X cuja energia representa a transição caraterística entre dois níveis de energia do núcleo, ou seja, uma impressão digital do material irradiado. O sistema EDX aqui utilizado é um Link ISIS EDX da Oxford instruments acoplado ao Hitachi S3200. O sistema EDX é capaz de detetar todos os elementos acima de 4 números atómicos com uma resolução de energia de ~ 138 eV. A análise EDX tem uma resolução lateral e uma sensibilidade em profundidade, dependendo da energia dos electrões primários. 20 kV corresponde normalmente a alguns microns, enquanto 5kV é utilizado para sondar alguns 100 nanómetros. Neste projeto, a análise EDX é utilizada para investigar a implantação de Ga^+ na superfície de a-C:H, bem como para detetar as proteínas adsorvidas na superfície de a-C:H.

3.2.7 Fresagem por feixe de iões focalizados

O feixe de iões focados (FIB) é uma técnica versátil de nanofabricação utilizada em semicondutores, na ciência dos materiais e, cada vez mais, no domínio biológico, para análise e deposição em locais específicos. Trata-se de um processo sem máscara que proporciona grande flexibilidade e simplicidade. As aplicações da FIB incluem o processamento de semicondutores, a análise de falhas, a preparação de amostras TEM, a reparação de máscaras, a micro-usinagem, etc. [31]. Neste caso, a FIB foi utilizada para produzir nano-padrões nas superfícies de a-C:H, uma vez que o objetivo do projeto é estudar a influência desses padrões na adsorção de proteínas.

3.2.7.1 Princípio da FIB

O aspeto e o funcionamento de um sistema FIB são muito semelhantes aos de um microscópio eletrónico de varrimento (SEM), com a única diferença de que são utilizados iões de gálio (Ga^+) em alternativa aos electrões. Tal como no MEV, a intensidade dos electrões secundários produzidos em cada posição raster do feixe é apresentada para criar uma imagem da amostra. Uma vez que os iões são mais pesados do que os electrões e podem atingir com maior energia, resultam na pulverização de átomos neutros e ionizados do substrato (moagem). Durante este processo, também ocorre interação química, como a quebra de ligações químicas e a dissociação de moléculas, pelo que este fenómeno pode ser explorado durante o processo de deposição. A Figura 3.18 resume os três processos.

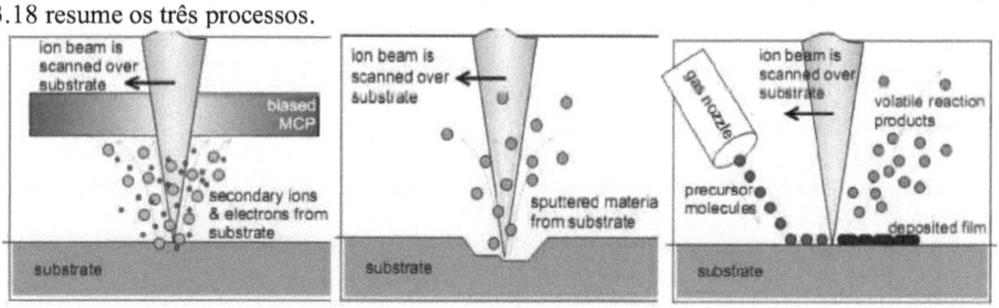

Figura 3.18: Princípio da Fib, da esquerda para a direita; imagiologia, fresagem e deposição [32]

A pistola FIB é uma fonte de iões metálicos líquidos (LMIS) posicionada em contacto com uma agulha afiada de tungsténio (W). O líquido flui na superfície exterior e atinge a ponta da agulha que está virada para o terminal de extração. Campos de extração elevados (> 10^8 V/cm) puxam o líquido Ga para um cone afiado com um raio de cerca de 5-10 nm. Os iões são emitidos como resultado da ionização do campo e acelerados na coluna de iões. Há duas vantagens em utilizar o Ga como fonte de iões: 1) tem um ponto de fusão baixo, pelo que permanece no estado líquido à temperatura ambiente, e 2) o Ga pode ser focado em pontos muito pequenos (< 10 nm de diâmetro) [33]. A Figura 3.19 mostra a ótica que é geralmente utilizada para focar o feixe primário na superfície da amostra.

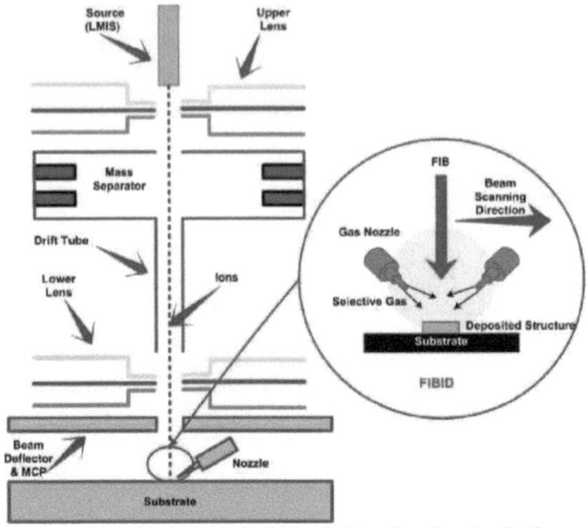

Figura 3.19: Diagrama esquemático do sistema de feixe de iões focalizados [34]

O sistema FIB funciona geralmente a 30kV e 10pA para a obtenção de imagens, enquanto a fresagem é efectuada a 30 kV com uma corrente que varia entre 1pA e vários nA.

3.2.7.2 Parâmetros FIB

À medida que o feixe FIB percorre linha a linha a superfície, faz uma pausa num determinado ponto (ponto de paragem) durante um certo tempo (tempo de paragem) e depois passa para o ponto de píxeis seguinte. O tamanho da matriz de píxeis é de 1024 por 1024 para o sistema FEI Quanta 200 aqui utilizado, e pode ir até 4096 por 3536. Um padrão de fresagem pode ser definido através da importação de um mapa de bits (BMP) ou, mais simplesmente, através da escolha de uma forma como um círculo, uma caixa, uma linha, etc., e do controlo da rotina de digitalização. Os termos utilizados para descrever o funcionamento da FIB, na sua maioria herdados das medições de radiação, não estão bem regulamentados e são ambíguos em alguns casos [35]. Os termos mais frequentemente utilizados na operação FIB e as suas definições são os seguintes

Dose: Dose é um termo para medir os iões que passam e são absorvidos numa unidade de área. As unidades mais utilizadas para a dose são nC/pm^2 e podem ser calculadas a partir de:

$$\frac{I\ (ion\ current\ in\ nA) \times t(milling\ time\ in\ sec)}{A\ (surface\ area\ in\ \mu m^2)} \qquad 3.6$$

Fluxo: Para operações de feixe de iões, o fluxo é definido como o número de iões que atravessam uma área unitária em tempo unitário, sendo a unidade iões/cm^2 /seg.

Corrente** do **feixe: A corrente do feixe é definida como o número de iões entregues ao alvo por unidade de tempo, em unidades de ampere. É igual a Coulombs (C)/seg. Para o FEI Quanta 200 3D, a definição da corrente varia entre 1pA e 20nA.

Tempo de permanência: É o tempo de irradiação do feixe em cada ponto do feixe.

Sobreposição de feixes: A sobreposição de feixes é a quantidade de sobreposição de feixes adjacentes. A sobreposição pode ser definida da seguinte forma:

$$O = 1 - \frac{p}{d} \qquad 3.7$$

em que O representa a sobreposição, p (passo) é a distância entre os centros de dois pontos de feixe adjacentes e d é o diâmetro do feixe (FWHM).

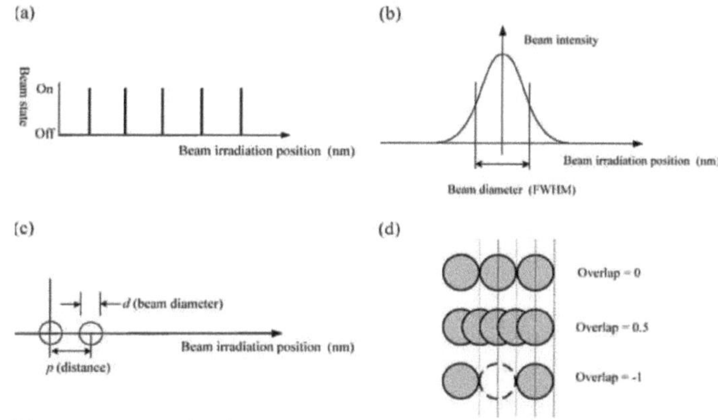

Figura 3.20: Diagrama esquemático dos parâmetros de fresagem com feixe de iões focados: a) posição de irradiação do feixe, b) intensidade e diâmetro do feixe (FWHM), c) diâmetro e passo do feixe, e d) sobreposição [36]

Uma sobreposição de -1 significa que a distância entre os pontos adjacentes do feixe é o dobro do diâmetro do feixe, enquanto uma sobreposição de 0,5 significa que metade do diâmetro está sobreposto. Uma vez que a geometria do feixe de iões tem um perfil de tipo gaussiano (figura 3.20b), a sobreposição do feixe gera padrões de três dimensões, como mostra a figura 3.21. As propriedades geométricas do feixe podem ser ajustadas através da variação dos parâmetros de fresagem FIB.

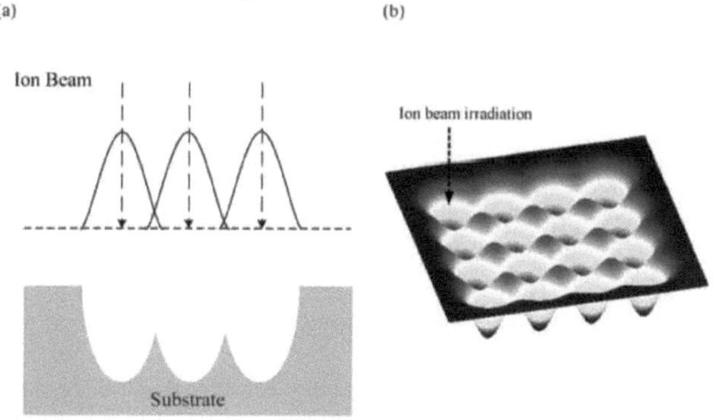

Figura 3.21: Esquemas de um nano-padrão: a) bidimensional e b) tridimensional [36]

3.2.8 Espectroscopia FTIR

A espetroscopia de infravermelhos com transformada de Fourier (FTIR) é uma técnica não destrutiva, utilizada para caraterizar a estrutura secundária das proteínas, em solução e adsorvidas. A figura 3.22 mostra um interferómetro do tipo Michelson. As radiações infravermelhas são recolhidas da fonte e colimadas antes de atingirem o divisor de feixes, dirigindo uma metade para um espelho fixo e a segunda metade para um espelho móvel. Os feixes são reflectidos de volta para o divisor de feixes, onde se juntam e interferem antes de atingirem o detetor, como mostra a figura 3.22.

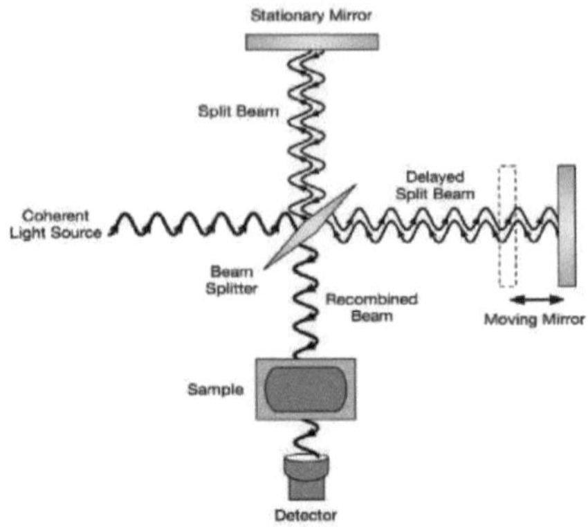

Figura 3.22: Diagrama esquemático de um Interferómetro de Michelson [37]

A figura 3.23 apresenta um interferograma típico. O gráfico mostra a intensidade da radiação infravermelha em função da deslocação do espelho móvel. O interferograma tem toda a informação necessária; uma transformação de Fourier dá o espetro FTIR.

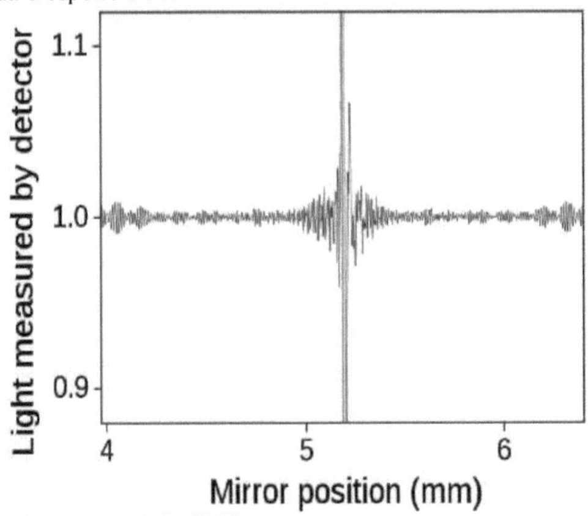

Figura 3.23: Um interferograma FTIR [37]

Em geral, as bandas fortes no espetro de IV de um composto correspondem a um espetro fraco em Raman e vice-versa. Se uma ligação estiver fortemente polarizada, uma pequena alteração no seu comprimento (por exemplo, durante a vibração) terá apenas um pequeno efeito na polarização. As vibrações que envolvem ligações polares (C-O, N-O, N-H) são, por conseguinte, dispersores Raman comparativamente fracos. No entanto, estas ligações polarizadas transportam as suas cargas durante o movimento vibracional, o que resulta numa grande alteração do momento de dipolo líquido e produz uma banda de absorção IV forte. Por outro lado, as bandas relativamente neutras (C-C, C-H, C=C) sofrem grandes alterações na polarizabilidade durante uma vibração, embora isto seja menos fácil de visualizar. No entanto, o momento de dipolo não é afetado da mesma forma e as vibrações que envolvem predominantemente este tipo de ligação são fortes dispersores Raman, mas fracos no IV.

No estudo, a análise FTIR foi utilizada para distinguir as diferentes ligações químicas e estruturas das proteínas adsorvidas nas superfícies a-C:H. A banda Amida I, que representa a estrutura da espinha dorsal das proteínas (1600-1700 cm^{-1}), é muito sensível ao tipo de estrutura secundária e foi utilizada para estudar a conformação das proteínas em solução e no estado adsorvido. Esta região mais alargada pode ser ajustada utilizando técnicas de auto-desconvolução de Fourier e de segunda derivada [38]. No presente estudo, o ajuste da curva foi efectuado com o algoritmo Gaussiano utilizando o programa ORIGIN 7. Geralmente, esta região da amida I é ajustada com um número variável de componentes (3 a 8), incluindo cadeias laterais, folhas P, hélice a, bobinas aleatórias, voltas P, etc. Existem várias atribuições de picos na literatura [39-42] que apresentam apenas pequenas variações. É importante mencionar aqui que as bandas das bobinas aleatórias se deslocam para uma frequência mais elevada em H2O (até 1657 cm^{-1}) e se sobrepõem ao sinal proveniente da a-hélice [39, 43]. Por conseguinte, o conteúdo da a-hélice em H2O não pode ser discriminado de forma inequívoca da bobina aleatória na região da amida I [42, 44, 45]. Com base nestas investigações, as atribuições efectuadas nesta tese são apresentadas na tabela 3.4. É importante mencionar que a banda da amida I (1600-1700 cm^{-1}) se sobrepõe à banda de vibração de flexão do H2O (1645 cm^{-1}), no entanto, está bem documentado na literatura que o problema da absorção de água pode ser limitado utilizando uma célula de IR com um comprimento de percurso suficientemente pequeno e utilizando a mesma célula para registar tanto o espetro de referência como o espetro das proteínas [38]. Finalmente, a fim de obter uma subtração bem sucedida da banda de absorção devida à água líquida, foram estabelecidos dois critérios. Em primeiro lugar, as bandas provenientes da água devem ser subtraídas com precisão do espetro da proteína entre 1500 e 1800 cm^{-1} (o software efectua este passo automaticamente). Em segundo lugar, deve ser obtida uma linha de base reta de 1750 a 2000 cm^{-1} [38].

Tabela 3.4: Atribuição das bandas da estrutura secundária da proteína (amida-I)

Corrente lateral	**Folhas ß**	**a-hélice/ bobinas aleatórias**	**ß-volta**
< 1620 cm^{-1}	1620 - 1640 cm^{-1} 1660 - 1685cm^{-1}	1641-1659 cm^{-1}	> 1685 cm^{-1}

A análise FTIR foi efectuada num espetrómetro Varian 620 equipado com um detetor de telureto de mercúrio e cádmio (MCT). Os modos vibracionais diferenciais foram registados na região de 4000-400 cm^{-1} com uma resolução de varrimento de 2cm^{-1} utilizando 200 varrimentos. Os espectros da solução foram recolhidos utilizando uma célula líquida de 15 um de percurso com janela de CaF2. Os espectros das proteínas adsorvidas foram recolhidos utilizando um acessório ATR equipado com um prisma de germânio (Ge), como se mostra na figura 3.24. Os espectros de fundo foram escolhidos como o meio proteico (DI ou PBS) para a medição da solução e como a amostra limpa de a-C:H para as proteínas adsorvidas. Foi efectuado um mínimo de três réplicas por amostra.

Figura 3.24: Célula de líquido desmontável (esquerda) e acessório ATR deslizante (direita)

3.2.9 Espectroscopia Raman

A espetroscopia Raman é uma técnica não destrutiva utilizada para determinar as transições rotacionais, vibracionais e outras transições de baixa frequência em moléculas e sólidos. O princípio do sistema é que, quando uma fonte de luz forte (laser, neste caso) incide sobre uma superfície, a maior parte da luz é dispersada elasticamente. Durante este processo, as moléculas absorvem energia e são excitadas para um estado eletrónico virtual, voltando imediatamente ao seu estado fundamental ao libertarem um fotão (ver figura 3.25). A energia deste fotão é igual à da luz incidente e este tipo de dispersão é conhecido como dispersão de Rayleigh. No caso da dispersão inelástica, é muito possível que as moléculas passem do estado eletrónico virtual para um nível de energia superior (dispersão de Stokes) ou inferior (dispersão de Anti-Stokes). A diferença de energia entre o fotão recebido e o espalhado (desvio Raman) corresponde aos níveis de energia vibracional das moléculas.

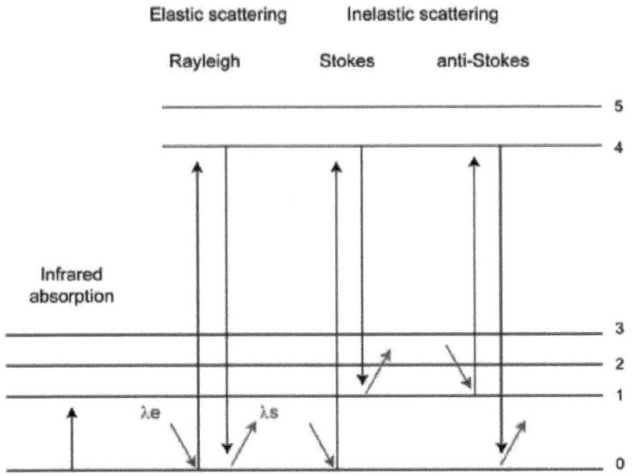

Figura 3.25: Diagrama de nível de energia, o desvio do comprimento de onda entre a luz de excitação (Xe) e a luz dispersa (Xs) está relacionado com o desvio Raman

A impressão digital caraterística do diamante é uma única linha Raman nítida a 1332 cm^{-1} (figura 3.26). A grafite cristalina produz um único pico a 1575 cm^{-1} [46], ao passo que em todos os outros materiais de grafite (carvão ativado, negro de fumo, etc.), aparece uma segunda caraterística a 1355 cm^{-1} [46]. A intensidade deste segundo pico aumenta em relação ao primeiro pico à medida que a) a quantidade de carbono "desorganizado" aumenta e b) o tamanho do cristal de grafite diminui (figura 3.26). As películas de carbono amorfo (a-C) são misturas não estruturadas de carbono hibridizado sp^3 (como no diamante) e sp^2 (como na grafite). As propriedades destas películas dependem fortemente do rácio entre estes tipos de carbono. O espetro Raman do a-C é semelhante ao da grafite, apresentando os picos G e D, mas com larguras de pico muito maiores, dependendo da ordenação da amostra. No caso do carbono amorfo, "G" não significa apenas grafite - o modo G resulta do estiramento de qualquer par de sítios sp^2, quer em anéis quer em cadeias. O modo D é o modo de respiração dos sítios sp^2 em anéis e não em cadeias [46, 47].

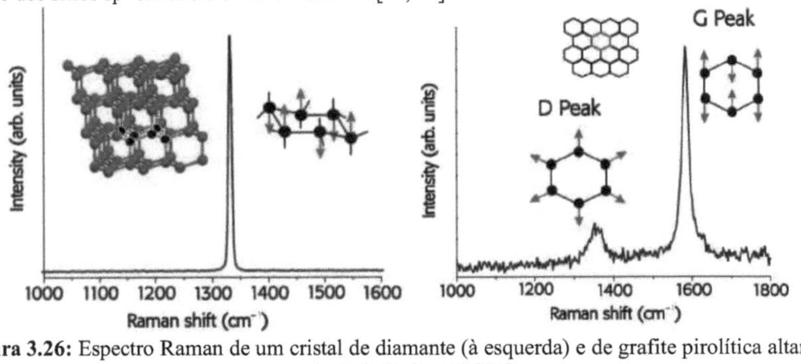

Figura 3.26: Espectro Raman de um cristal de diamante (à esquerda) e de grafite pirolítica altamente orientada (à direita) [46]

A relação entre a intensidade do pico D e a intensidade do pico G [relação ID/IG] pode fornecer informações úteis sobre a estrutura de desordem na amostra. Começando com grafite pura, o espetro Raman contém apenas um pico G acentuado e nenhum pico D, porque não há desordem. À medida que o tamanho cristalino é reduzido e a periodicidade é quebrada, o D aparece e aumenta de intensidade. O rácio atinge um máximo para a amostra de grafite nanocristalina que contém a estrutura de desordem máxima. O espetro Raman do carbono amorfo e a relação ID/IG são explicados em pormenor no capítulo seguinte.

O espetrómetro utilizado neste estudo foi o espetrómetro confocal LabRam 300 da Horiba Jobin Yvon. O espetrómetro está equipado com um laser He-Ne 632,8 nm de 10 mW e um laser Ar ion 514,5 nm de 50 mW. No entanto, nesta tese apenas é utilizado o laser de 632,8 nm. É de notar que a análise Raman também foi utilizada para caraterizar a estrutura secundária das proteínas adsorvidas, tal como na análise FTIR. No entanto, a banda da amida I da proteína sobrepõe-se às caraterísticas espectrais a-C:H, pelo que este método não é aplicável neste caso.

3.2.10 Medições do ângulo de contacto

O ângulo de contacto é a medida da capacidade de um material se espalhar sobre uma superfície. Considerando uma gota lançada sobre uma superfície, como mostra a figura 3.27, o ângulo formado entre a interface sólido/líquido e a interface líquido/vapor é conhecido como ângulo de contacto.

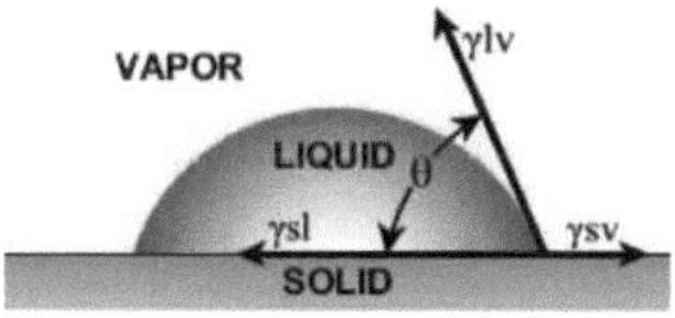

Figura 3.27: Interação sólido-líquido-vapor e ângulo de contacto [48]

O ângulo de contacto 0 depende de três interfaces, isto é, sólido-líquido, sólido-vapor e líquido-vapor. A equação de Young Dupre, apresentada a seguir, demonstra a relação entre o ângulo de contacto e as três interfaces:

$$\cos\theta = \frac{\gamma_{SV} - \gamma_{SL}}{\gamma_{LV}} \qquad 3.8$$

em que 0 é o ângulo de contacto, YSV, YSL e YLV representam a energia interfacial sólido-vapor, a energia interfacial sólido-líquido e a tensão superficial líquido-vapor, respetivamente.

A molhabilidade das superfícies a-C:H foi medida utilizando o método do ângulo de contacto de gota séssil (CAM 200, KSv Instruments Ltd.), como se mostra na figura 3.27. No método séssil, uma gota de líquido é colocada na superfície da amostra com a ajuda de uma seringa e, em seguida, a gota é analisada utilizando um microscópio para determinar o ângulo de contacto, conforme ilustrado na figura 3.28.

Figura 3.28: Sistema de ângulo de contacto ótico (Cam 200)

O ângulo de contacto foi medido à temperatura ambiente utilizando um volume de gota de 5 pl de diferentes soluções. A média dos resultados foi calculada a partir de cinco leituras com uma precisão de + 2°C.

3.2.11 Tensão superficial

A tensão superficial das soluções proteicas foi medida utilizando o método da gota pendente com a ajuda do mesmo instrumento utilizado para a medição do ângulo de contacto (3.28). No método da gota pendente, a tensão superficial/interfacial é determinada através da análise da forma da gota do líquido pendurada na ponta de uma seringa (figura 3.29). O computador ajusta a equação de Young-Laplace à imagem da gota para calcular a tensão superficial e interfacial. Todas as medições foram efectuadas utilizando um volume de gota de 10 pl distribuído a uma velocidade de 1 pl/seg. Os resultados foram calculados a partir de cinco medições. Os resultados foram calculados com base na média de cinco medições.

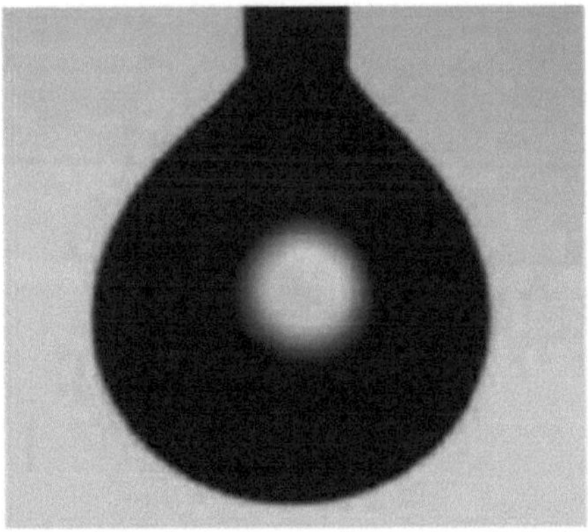

Figura 3.29: Forma da gota para medição da tensão superficial pelo método da gota pendente

CAPÍTULO 4

Nanopadronização de superfícies de a-C:H para estudos de adsorção de proteínas

Este capítulo descreve a preparação e análise das películas de a-C:H e duas técnicas de modelação utilizadas para gerar nano-padrões nas superfícies de a-C:H. O capítulo termina com uma análise comparativa da interação destas duas superfícies estruturadas com uma ponta AFM revestida de proteínas.

4.1 Caracterização de superfícies a-C:H

4.1.1 Espectroscopia Raman

A espetroscopia Raman foi utilizada para caraterizar os filmes de a-C:H na superfície de Si antes da modelação. A amostra foi caracterizada utilizando uma objetiva de microscópio de 50x com iluminação de 633nm. O espetro Raman completo é apresentado na figura 4.1, com as bandas D e G reconhecíveis em torno de 1300-1600 cm^{-1}. Esta região espetral foi deconvoluída para identificar picos individuais e é apresentada na figura 4.2.

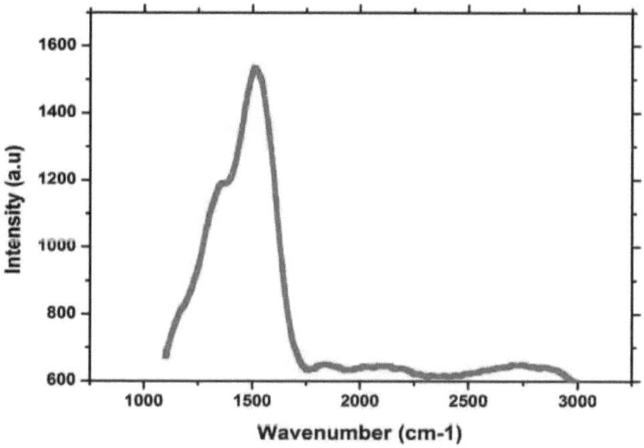

Figura 4.1: Espectro Raman da película de a-C:H sobre substrato de Si

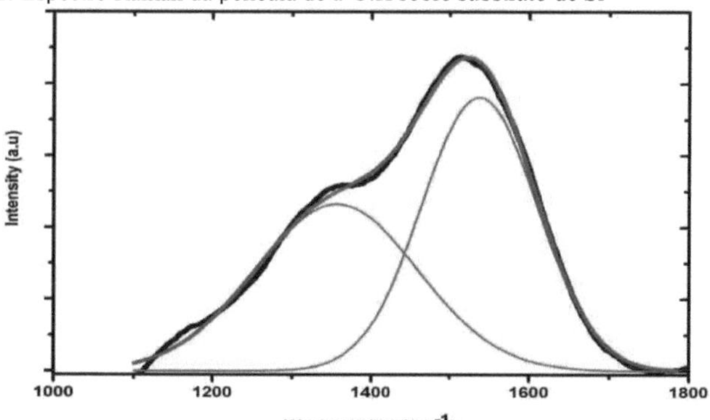

Figura 4.2: Espectros Raman deconvoluídos de a-C:H em substrato de Si para um tempo de deposição de 180 s

Na figura 4.1 podem ver-se as caraterísticas típicas do a-C:H; um pico assimétrico largo com dois componentes, o pico principal G localizado a cerca de 1530-1590 cm^{-1} relacionado com o modo E2g e um ombro de frequência mais baixa a cerca de 1320-1350 cm^{-1}, chamado pico D, que está relacionado com o modo de respiração A1g da grafite [1]. A razão de intensidade do pico entre os dois componentes ID/IG é de 0,60.

4.1.2 Energia de superfície da superfície a-C:H

A energia de superfície y_s , é um parâmetro relevante que influencia a adsorção de proteínas em superfícies de a-C:H. Um método para determinar ys consiste em efetuar uma medição do ângulo de contacto com dois líquidos conhecidos de polaridades diferentes e utilizar a equação de Owens e Wendt [2] para calcular os componentes polar (ys^p) e dispersivo (ys^d) da energia de superfície, como se segue:

$$\gamma_L(1 + cos\theta) = 2\sqrt{\gamma_S^d}\sqrt{\gamma_L^d} + 2\sqrt{\gamma_S^p}\sqrt{\gamma_L^p} \qquad 4.1$$

Rearranjar;

$$\frac{(1 + cos\theta)}{2}\frac{\gamma_L}{\sqrt{\gamma_L^d}} = \sqrt{\gamma_S^p}\sqrt{\frac{\gamma_L^p}{\gamma_L^d}}\sqrt{\gamma_S^d} \qquad 4.2$$

onde 0 é o ângulo de contacto, YL é a tensão superficial do líquido e γ_L^p e γ_L^d são os componentes polares e dispersivos do líquido, respetivamente. Com os dois solventes conhecidos, a eq. 4.2 dá um sistema de duas equações com as duas quantidades desconhecidas, γ_s^p e γ_s^d. A Tabela 4.1 resume os resultados utilizando etilenoglicol e água desionizada.

Tabela 4.1: Medições do ângulo de contacto para água desionizada e etilenoglicol em superfícies a-C:H.

Líquido			Sólido	
	Água [3]	Etileno glicol [3]		superfície a-C:H
	Θ=64°	Θ=38°		
γ_L(mJ/m)^2	72.2	48	γ_S(mJ/m)^2	38.73
γ_L^p	51.0	19	γ_s^p	19.14
γ_L^d	21.8	29	γ_s^d	19.59

Os valores medidos da energia superficial dos componentes polares e dispersivos estão de acordo com a literatura, onde os autores utilizaram métodos de regressão múltipla. Utilizando 6 líquidos diferentes, descobriram que a energia interfacial de a-C:H era 39,43 + 1,12 [4].

4.1.3 Microscopia de força atómica

A AFM em modo tapping foi utilizada para obter a rugosidade da superfície, bem como para medir a espessura da película de a-C:H depositada no substrato de Si. A Figura 4.3 mostra as imagens da altura e da fase da película de a-C:H. Esta imagem foi adquirida a 80% do ponto de ajuste de batida com uma amplitude livre de 100 nm rms. A análise das imagens de altura mostra os valores de rugosidade de 0,18 + 0,01 nm, consistentes com estudos anteriores sobre películas de a-C:H [5].

Figura 4.3 Imagens de altura e de fase da película de a-C:H sobre Si

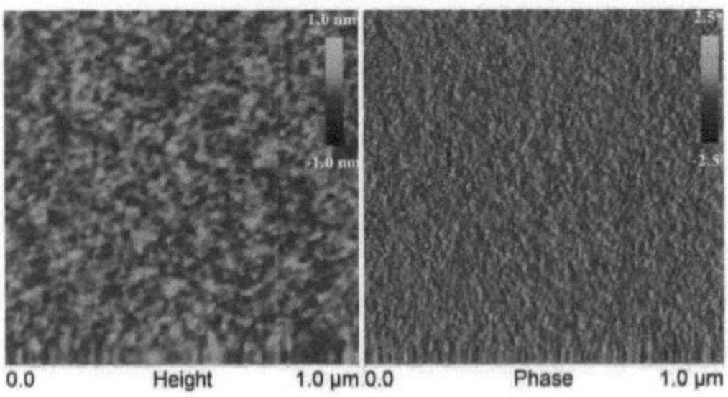

A **Figura 4.3 mostra** a vista superior do AFM e o histograma da altura do degrau de a-C:H/Si. A análise mostra que a espessura da película depositada é de ~ 60 nm.

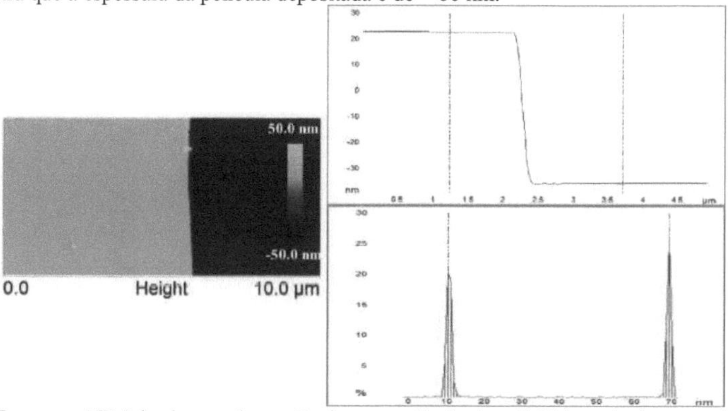

Figura 4.4: Imagens AFM da altura e da secção de uma película de a-C:H depositada num substrato de Si durante 180 segundos

4.2 Nano-padronização AFM de superfícies de a-C:H

4.2.1 Caraterísticas da sonda de indentação AFM

Os padrões de linhas AFM foram efectuados com a ajuda do cantilever PDNISP da Bruker Inc. Trata-se de uma ponta de diamante de canto cúbico (ângulo de vértice = 90°) feita à mão e montada num cantilever de aço de elevada força, especialmente utilizado para aplicações de nano-indentação/riscos. A Figura 4.5 mostra a imagem do cantilever e da ponta obtida no sítio Web da Bruker, juntamente com a imagem ótica do cantilever.

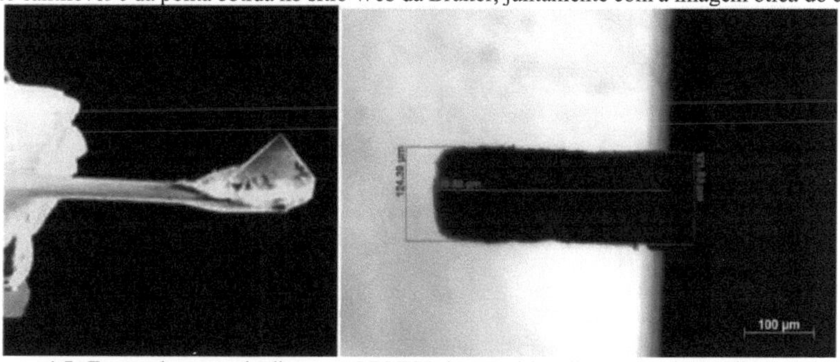

Figura 4.5: Forma da ponta de diamante PDNISP (esquerda) e dimensões do cantilever (direita)

A rigidez do cantilever (k) foi cuidadosamente calibrada pelo fabricante (k=150 N/m). As principais especificações desta alavanca são apresentadas no quadro 4.2.

Tabela 4.2: Especificações do cantilever PDNSIP (cortesia da Bruker)

	Nominal	Máximo	Mínimo
Frequência ressonante (kHz)	50	35	65
Constante da mola (k)	150	100	300
Raio da ponta (nm)	40	50	-

4.2.2 Calibração do raio da ponta

Figure 4.6 mostra a imagem de vista superior de uma amostra de verificação de ponta padrão (BudgetSensors) normalmente utilizada para extrair a geometria da ponta com o software SPIP.

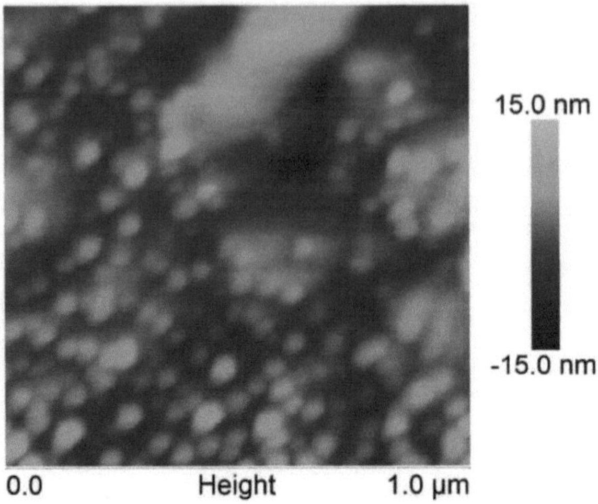

Figura 4.6: Imagem AFM da altura de uma amostra de controlo de ponta padrão obtida com uma ponta de diamante

A figura 4.6 mostra a imagem 3D, bem como os perfis x e y da ponta de diamante. Os perfis X e Y mostram um raio de rasgo de 45 e 35 nm, respetivamente, de acordo com o valor nominal fornecido pelo fabricante.

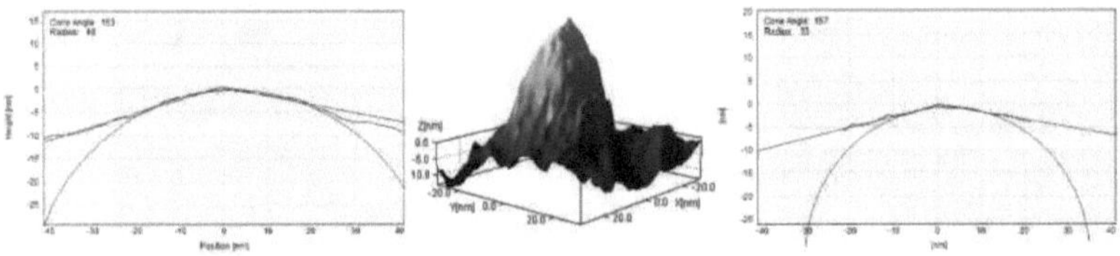

Figura 4.7: Forma tridimensional da ponta e raio do vértice calculados com o software SPIP

Isto significa que, para efeitos de geração de padrões pouco profundos (< 10nm de altura), esta ponta é um indentador esférico.

4.2.3 Produção dos padrões AFM

Existem dois métodos para gerar padrões de linhas por nanoindentação. O mais óbvio é riscar a superfície. No entanto, como o diamante é um isolante muito bom e o a-C:H tem uma forte afinidade eletrónica [6], esses riscos podem resultar numa carga eletrónica significativa da superfície do a-C:H. Como a ponta de diamante aqui utilizada é assimétrica (Rx>Ry), os padrões de linhas AFM foram formados através da produção de uma série de indentações espaçadas, de modo a que as indentações se fundissem na direção X e não na direção Y. Estes entalhes foram gerados utilizando o menu da curva de força, definindo o tamanho da rampa Z (500 nm), a velocidade da rampa (4 Hz) e um limiar de disparo relativo que define a deflexão máxima do laser (ou seja, o ponto de retirada). Neste caso, é utilizado um limiar de deflexão de 1V, o que equivale a uma força de indentação de 23 μN. . O software também permite controlar a posição das indentações, tanto na direção X como na direção Y, uma vez que o sistema AFM contém um circuito de feedback XY que corrige a histerese e a fluência do piezo-posicionamento nestas duas direcções. A alavanca de aço rígido permite obter imagens dos entalhes formados em modo de batimento, sendo apresentado um exemplo na Figura 4.8. Pode ver-se, como esperado, que a geometria da indentação é afetada pela da ponta, uma vez que, no caso presente, o raio da ponta não é o mesmo nas direcções x e y.

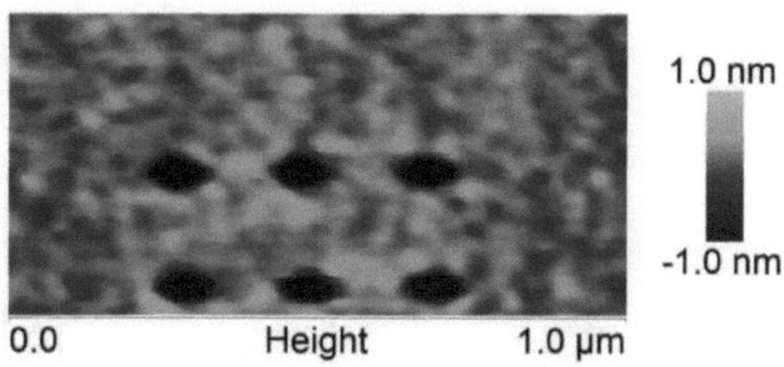

Figura 4.8: As indentações apresentam um tamanho maior na direção x (~ 90 nm) do que na direção y (~ 44nm)

A Figura 4.9 mostra um exemplo do processo de fusão de travessões acima referido, para um espaçamento de 50 nm. Para uma matriz tão pequena, adquirida em menos de 90s, o desvio foi mínimo e o espaçamento de 50 nm foi adequado para obter linhas bem diferenciadas. As tentativas de produzir matrizes maiores (50 x 50) com este mesmo espaçamento de 50 nm falharam, uma vez que, para estes tempos de indentação grandes (120 min), o desvio foi significativo e resultou na fusão de linhas, apesar da utilização do circuito de retroação XY.

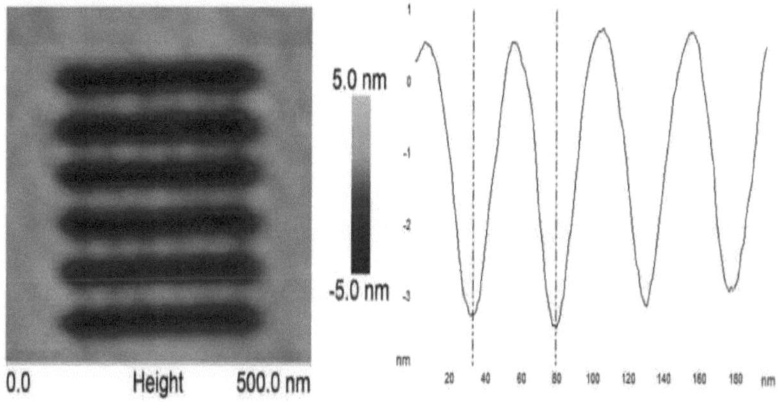

Figura 4.9: Imagem em altura (esquerda) e em secção (direita) de uma matriz de pontos com passo de 50 nm

Assim, as matrizes de linhas AFM finais utilizadas nesta tese foram matrizes de 50 x 50 com os parâmetros anteriormente mencionados (deflexão de 1V, frequência de indentação de 4Hz), igualmente espaçadas na direção X e Y por 80 nm. Assim, estas matrizes tinham aproximadamente 4 x 4μm^2.

A figura 4.10 mostra imagens de altura de padrões AFM obtidos com a mesma ponta de diamante imediatamente após a sua produção; pode ver-se, especialmente na imagem da secção, que o grande raio da ponta (~50 nm) não sonda os vales e subestima a profundidade do padrão. Um perfil mais realista do padrão foi visualizado com uma ponta TESPA fresca (mais afiada e com um ângulo de vértice mais baixo) e mostrado na figura 4.10, para comparação; a profundidade do padrão é muito maior neste caso. A figura 4.11 mostra também uma imagem de maior ampliação. Este é o padrão que foi utilizado nesta tese para estudar a interação de uma ponta revestida com BSA com superfícies a-C:H modeladas, na secção 4.4, e para realizar experiências de adsorção de proteínas no capítulo 5.

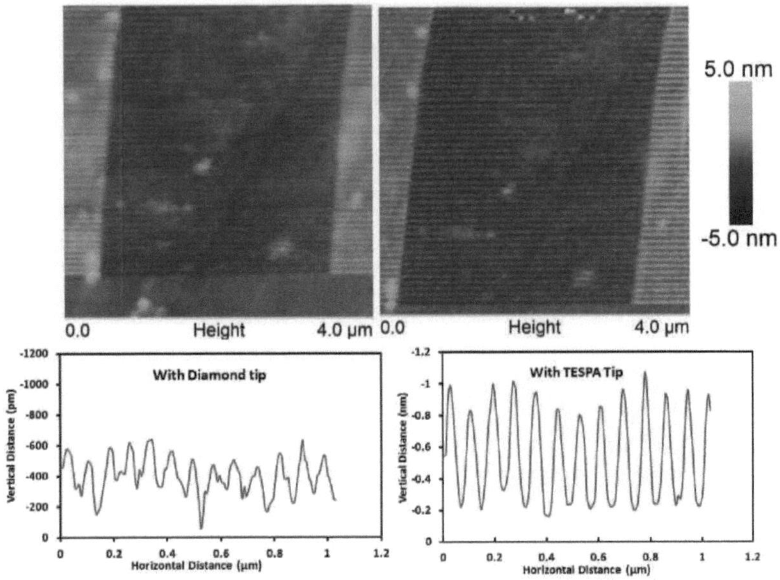

Figura 4.10: Imagens de padrões AFM, com ponta de diamante (esquerda) e com ponta TESPA (direita)

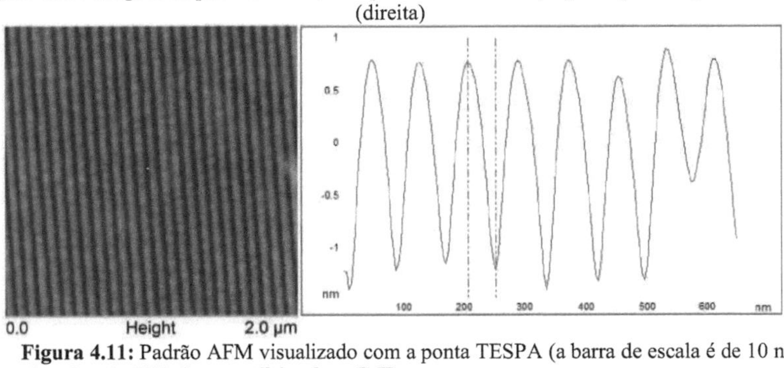

Figura 4.11: Padrão AFM visualizado com a ponta TESPA (a barra de escala é de 10 nm)

4.3 Nano-padronização FIB de superfícies de a-C:H

4.3.1 Calibração da corrente FIB

Todas as modelações FIB efectuadas nesta tese foram realizadas utilizando um feixe de 30 kV Ga^{+} . É importante conhecer a corrente correta durante o funcionamento de um feixe de iões focalizados. O fabricante fornece valores de corrente para cada orifício da placa de abertura, mas com a utilização ao longo do tempo, estes orifícios podem tornar-se mais largos e, consequentemente, a corrente pode mudar.

Para medir a corrente FIB, foi construído um copo de Faraday no suporte de amostras da seguinte forma. Foi feito um orifício de 1 mm de diâmetro no suporte do SEM, que foi depois coberto com uma folha de alumínio posicionada acima do orifício e perfurada com um orifício muito mais pequeno (< 0,3 mm). O copo foi ligado à terra e a um pico-amperímetro. A focalização do feixe FIB nesse orifício não resultou na emissão de electrões ou iões da gaiola, pelo que a corrente medida pelo amperímetro representa a corrente do feixe FIB.

A figura 4.12 mostra a diferença entre o valor da abertura do feixe de iões fornecido pelo fabricante e o valor medido utilizando o método acima referido, para 6 aberturas diferentes de 1pA a 1000pA. A relação é linear e o fator de calibração e os interceptos de calibração são 3,12 e 4,65 pA, respetivamente. Estes valores elevados estão provavelmente associados à fresagem da placa de abertura, que deve ser substituída após uma utilização prolongada.

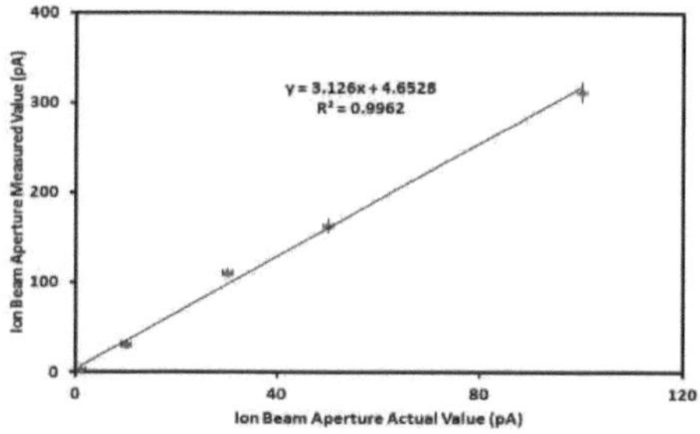

Figura 4.12: Diferença entre o valor da abertura do feixe de iões (medido e real)

4.3.2 Calibração do processo de moagem

Para produzir padrões de nanoestruturas utilizando a FIB, a deteção e a correção do astigmatismo são cruciais. Na presença de astigmatismo, a forma do ponto do feixe assumirá a forma de uma elipse em vez de um círculo, como se mostra na figura 4.13. Há quatro orientações possíveis para a elipse devido ao desequilíbrio das forças electrostáticas originadas pelos eléctrodos do octopole.

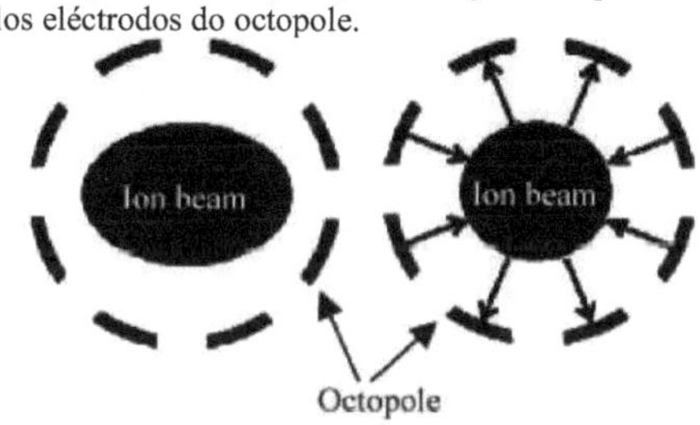

Figura 4.13 Ilustração de uma FIB com astigmatismo e sua correção por meio de ajuste de força eletrostática utilizando os eléctrodos octopole; um feixe com astigmatismo (esquerda) e com astigmatismo (direita) [7]

Neste caso, é utilizado um método de matriz de pontos para verificar qualitativamente o ponto do feixe. A forma dos conjuntos de pontos fresados representa a forma do feixe de iões. Os pontos com forma elíptica indicam que se formou um feixe de iões astigmático devido à existência de estigmatização excedentária e que deve ser corrigido antes do procedimento de fresagem real. A figura 4.14 mostra um exemplo de um feixe mal alinhado, em que a forma do feixe se assemelha mais a um elipsoide. Enquanto a figura 4.15 mostra um exemplo de astigmatismo corretamente alinhado para uma corrente de 10 e 100 pA.

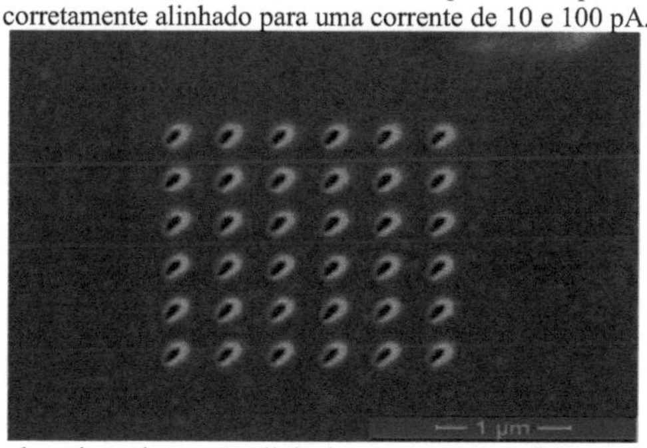

Figura 4.14: Um exemplo de astigmatismo não alinhado que mostra um feixe de forma elíptica

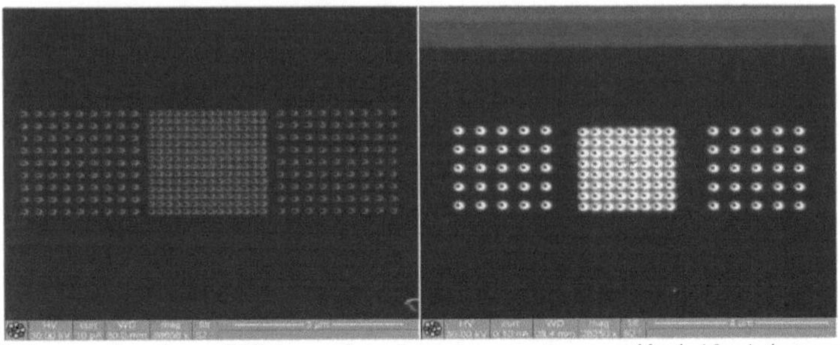

Figura 4.15: Imagem fresada por FIB de matrizes de pontos com passo variável, 10 pA (esquerda), 100 pA (direita)

A figura 4.15 mostra que o tamanho do ponto do feixe de 100 pA é maior do que o do feixe de 10 pA (neste caso, 80 e 120 nm de diâmetro do ponto, respetivamente).

Outro aspeto importante é a velocidade de fresagem, que deve ser calibrada para controlar a geração do padrão. A Figura 4.16 mostra curvas de fresagem de várias doses para duas definições de aberturas (10 e 100 pA). As doses foram variadas através do aumento do número de passagens e calculadas utilizando diâmetros de 60 e 100 nm, para as condições de 10 e 100 pA, medidos a partir de imagens AFM. Para ambas as correntes, a relação é linear, mas as condições de 100 pA são mais eficientes na moagem de a-C:H, sugerindo que a densidade da corrente pode ser um parâmetro melhor do que a dose, expressa em $nC/\mu m^2$, para descrever o processo de moagem.

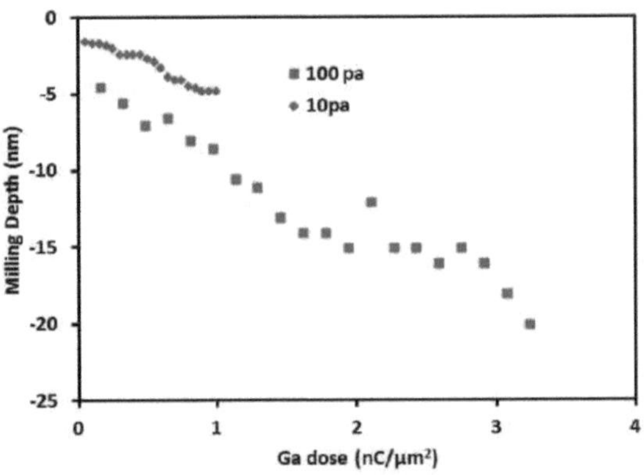

Figura 4.16: Doses de fresagem vs. profundidade de fresagem para corrente de 10 e 100pA

Finalmente, o controlo da deriva é também importante para obter padrões grandes com espaçamentos pequenos à nanoescala. Este desvio depende muito da ligação correta à terra da plataforma, como se mostra no Apêndice B, e é, no melhor dos casos, de cerca de 0,01 nm/seg. Isto limita o tipo de padrões que se podem formar com este sistema. Este facto limita o tipo de padrões que se podem formar com este sistema.

4.3.3 Protocolo de modelação

As matrizes FIB nas películas de a-C:H preparadas nesta tese tinham 10 x 10 μm^2, para permitir uma localização fácil no microscópio AFM e no espetrómetro FTIR. A fresagem iónica foi realizada através de um deslocamento preciso do feixe, pixel a pixel, em serpentina, sobre a região retangular escolhida de 10 x 10 gm. Além disso, a pressão da câmara também deve ser controlada com precisão (2-6 x 10^{-6} mbar), caso contrário a deposição assistida por FIB pode resultar em anéis de empilhamento à volta dos orifícios fresados por FIB, como se mostra no Apêndice B.

O espaçamento deve ser tão pequeno quanto possível para que o tamanho seja proporcional ao tamanho das proteínas; neste caso, o menor espaçamento reprodutível foi de 40-60 nm, tendo em conta a estabilidade e o desempenho do sistema. O astigmatismo não corrigido e a deriva são as principais limitações à obtenção de tamanhos e espaçamentos de pontos mais pequenos. De facto, foi necessário limitar o tempo total de fresagem a menos de 20 minutos para evitar desvios excessivos, resultando em matrizes FIB pouco profundas (altura < 5 nm). Por conseguinte, os parâmetros selecionados são apresentados no quadro 4.4. Estas condições correspondem a um tamanho de ponto de 60 nm e a uma dose de iões por ponto de 1,11 x 1016 Ga/cm^2 , ou 0,0177 nC/µm^2.

Tabela 4.4: Parâmetros de modelação para a matriz de pontos e de linhas

Dimensões do padrão	Variedade de pontos	Variedade de linhas
Corrente (pA)	10	10
Tamanho (gm)^2	10 x 10	10 x 10
Tempo de espera (msec)	4	0.001
Z (nm)	292	208
Passo X (nm)	60	6
Passo X (nm)	60	6
Passa	3	5000
Sobreposição X (%)	-400	
Sobreposição Y (%)	-400	
Tempo total (minutos)	11:10	18:00

4.3.4 Imagens AFM dos padrões FIB

A Figura 4.17 mostra secções transversais para pontos de feixe que interagem e que não interagem. Se o passo for menor do que o tamanho do ponto, a amplitude do padrão diminui.

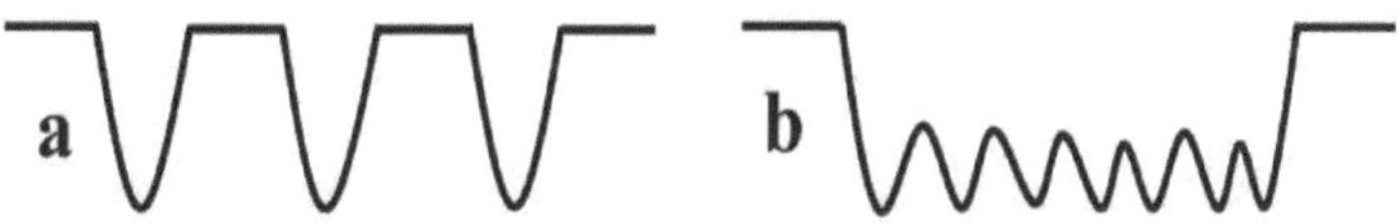

Figura 4.17: Esquema da irradiação do feixe, a) sem interação, b) com interação

A figura 4.18 mostra imagens AFM 3D correspondentes de padrões de pontos com diferentes passos, o que demonstra o fenómeno acima referido. Com grandes espaçamentos de 500 nm, os orifícios individuais podem ser observados claramente; à medida que este parâmetro diminui de 100 para 60 nm, os orifícios fresados começam a sobrepor-se, resultando nos padrões apresentados na figura 4.17. A observação cuidadosa dos padrões revela ainda que o diâmetro do feixe é a chave para produzir tais padrões; qualquer astigmatismo do feixe não corrigido ou desvio excessivo produzirá padrões fundidos; em vez de se produzirem furos, produzem-se linhas.

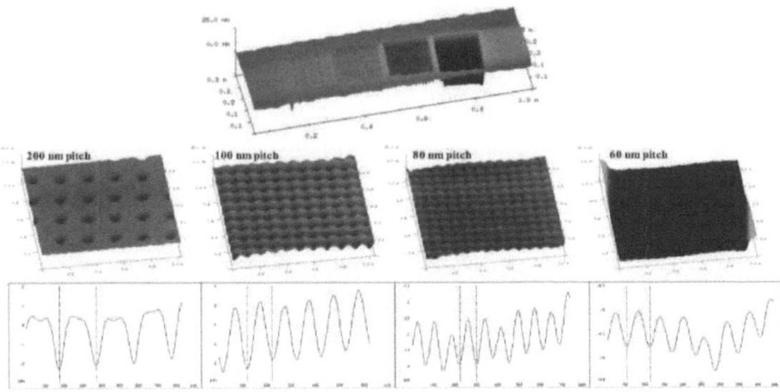

Figura 4.18: Imagens AFM tridimensionais e de secção de padrões de pontos FIB em a-C:H com amplitude variável de passo e altura do padrão (entre parêntesis), 200 nm (3 nm), 100 nm (3 nm), 80 nm (1,5 nm) e 60 nm (0,6 nm).

A Figura 4.19 mostra imagens TAFM dos padrões de linhas e pontos utilizados nesta tese, para estudar a interação de uma ponta revestida com BSA com superfícies a-C:H padronizadas na secção 4.4 e para realizar experiências de adsorção de proteínas no capítulo 5.

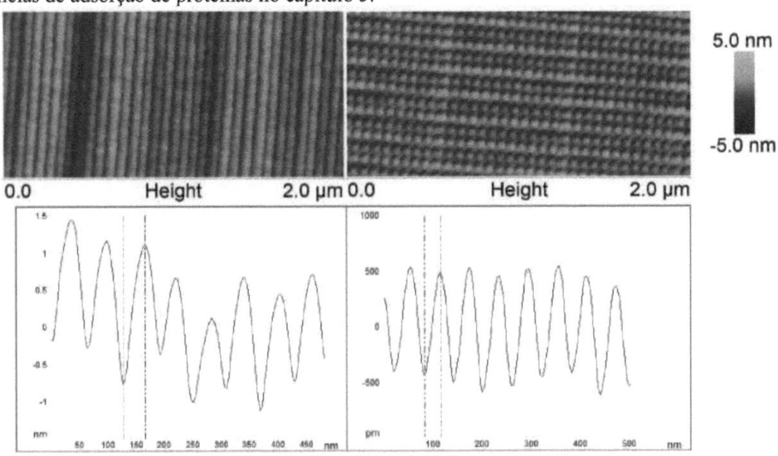

Fig. 4.19: Imagens AFM em modo tapping de padrões de linhas e pontos

4.3.5 Análise espectroscópica da implantação de gálio em padrões FIB

Figure 4.20 mostram a micrografia SEM de 5kV juntamente com a análise EDX. Isto mostra claramente a presença de iões Ga^+ dentro do padrão em comparação com a área a-C:H não padronizada.

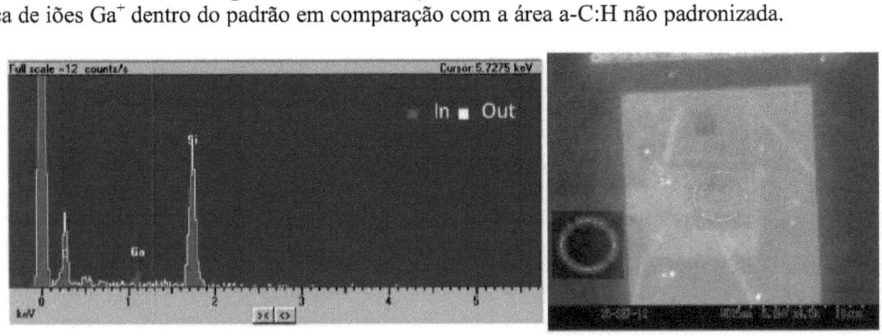

Fig. 4. 20 Micrografia SEM de 5 kV da superfície a-C:H modelada com FIB e espectros EDX

mostrando a implantação de Ga na área do padrão.

A 5kV, a profundidade da informação EDX é de cerca de 300 nm no a-C:H, o que mostra que o gálio não se encontra apenas na superfície da amostra, mas também dentro desta profundidade de amostragem.

Figure 4.21 mostra outro exemplo de deteção de Ga na superfície a-C:H utilizando a espetroscopia Tof-SIMS, uma técnica mais sensível à superfície (< 10 nm) que pode detetar uma quantidade muito baixa de implantação. Os diferentes códigos de cores revelam claramente a presença de Ga^+ na área modelada.

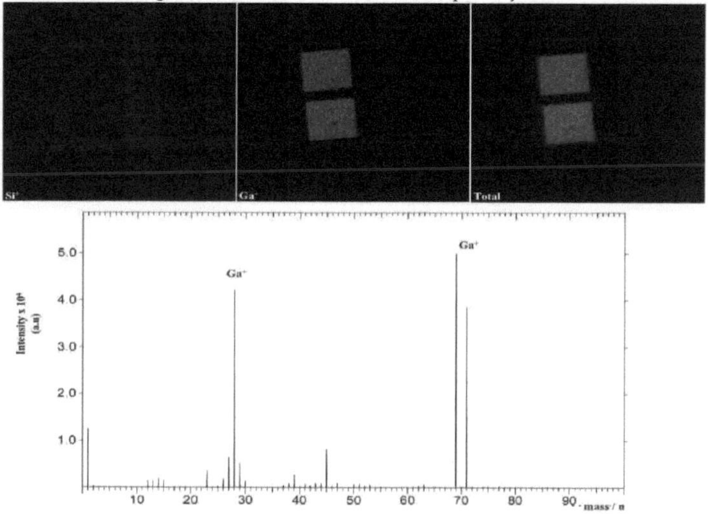

Fig 4.21 Espectros de linha SIMS do Ga implantado$^+$ na superfície de a-C:H.

O possível efeito da implantação de gálio na estrutura de ligação a-C:H foi também investigado por espetroscopia Raman. A Figura 4.22 mostra uma ligeira alteração na posição do pico D e um pequeno aumento no rácio ID/IG de 0,60 para 0,73.

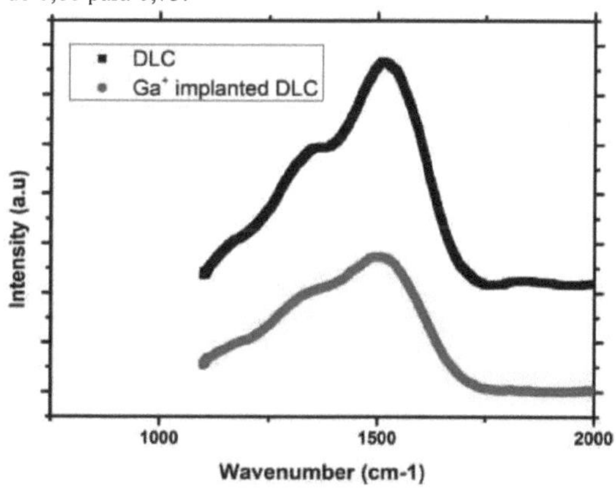

Figura 4.22: Espectros Raman de a-C:H e Ga^+ implantados em a-C:H

4.4 Contrastes topográficos e de composição, uma comparação entre padrões FIB e AFM

4.4.1 Fundamentação das experiências

Embora o princípio orientador deste projeto de investigação seja a utilização da nano-padronização como meio de controlar a nanotopografia, as técnicas de padronização raramente alteram apenas a topografia. Com a fresagem FIB, a natureza composicional do padrão pode ser alterada pelo excesso de implantação de iões Ga^+ nos vales, mas também pode ser danificada, o que para os metais pode ser a amorfização [8], para o DLC é mais provável que seja a grafitização[9, 10]. Com a nanoindentação por AFM, não se espera

que a natureza composicional do padrão seja alterada, mas isso é discutido na secção 4.5.
Para investigar estes efeitos, foram organizadas duas experiências para investigar a interação entre uma sonda AFM revestida com BSA e os dois padrões. Em primeiro lugar, os padrões foram visualizados utilizando a opção Interleave Lift do software AFM para estudar a interação de longo alcance e sem contacto entre as proteínas e os padrões. Em segundo lugar, foi utilizada a opção DPFM do microscópio AFM para examinar as interações repulsivas de curto alcance entre as proteínas e os padrões.

4.4.2 Preparação de sondas AFM revestidas com proteínas

Para as experiências Interleave/Lift, foram utilizadas sondas TESPA rígidas (~ 40 N/m, 300 kHz), enquanto que para a experiência DPFM foram utilizadas sondas DNP de contacto suave (~0,06 N/m, 18 kHz). Ambas as sondas foram revestidas de proteínas com o mesmo protocolo, que pode ser resumido da seguinte forma. A imersão de ambas as pontas foi efectuada numa placa de 12 poços com 2 ml de solução BSA-PBS (1mg/ml) durante um período de 2 horas a 37° C. Após 2 horas, as sondas foram cuidadosamente retiradas do poço, lavadas com água desionizada e secas ao ar.

4.4.3 . Varrimento de frequência AFM de sondas revestidas e não revestidas com BSA

A presença da proteína BSA no vértice da ponta do AFM foi verificada principalmente através da aquisição de curvas de varrimento de frequência no ar antes e depois do revestimento com a proteína. A figura 4.23 mostra essas curvas para uma sonda TESPA. A forma e a largura destas curvas não devem ser interpretadas de forma exagerada, uma vez que dependem fortemente do acoplamento entre o elemento piezoelétrico excitante do agitador e a sonda AFM, que pode mudar sempre que a sonda é inserida no suporte. No entanto, a posição do pico de frequência é uma caraterística da alavanca, fo=324,67 kHz antes do revestimento com BSA e fo=324,54 kHz após o revestimento com BSA. Considerando uma densidade proteica de 1,5 g/cm^3, este valor ΔF de 130 Hz corresponde a uma camada de BSA de 4 nm de espessura, proporcional à dimensão da molécula de BSA.

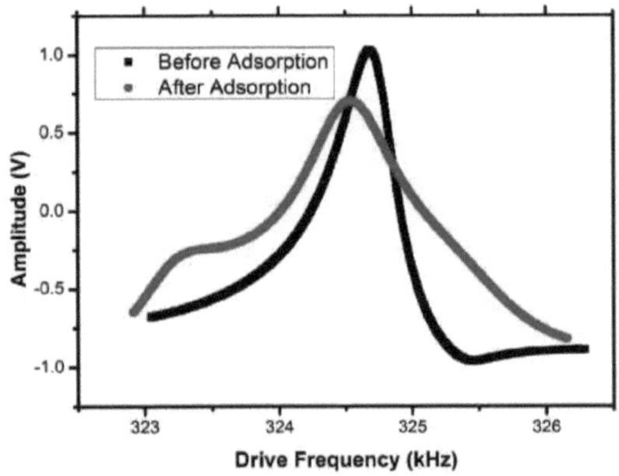

Fig 4. 23 Varrimento da frequência de ressonância dos cantiléveres TESPA, antes e depois da adsorção de proteínas

4.4.4 Curvas de força AFM de amplitude em poliestireno de cultura de tecidos (TCPS)

Estas experiências foram efectuadas em superfícies de poliestireno para cultura de tecidos (TCPS) (frascos Nunc^R easy), uma vez que se sabe que estas superfícies têm uma forte afinidade com as proteínas BSA. A Figura 4.24 mostra as curvas de força AC para as sondas AFM TESPA, revestidas e não revestidas com BSA. Claramente, as curvas obtidas com a ponta revestida apresentam uma forte histerese no sinal de amplitude, indicativa de interações fortemente atractivas entre a ponta e a superfície. A curva da força de deflexão para a curva da ponta revestida com BSA também apresenta esta histerese, ou seja, uma força de adesão significativa. Este facto confirma ainda a presença da molécula de BSA no vértice da ponta revestida. Além disso, estas curvas foram repetíveis, o que indica que a camada de BSA no vértice da ponta pode resistir a estas experiências de adesão.

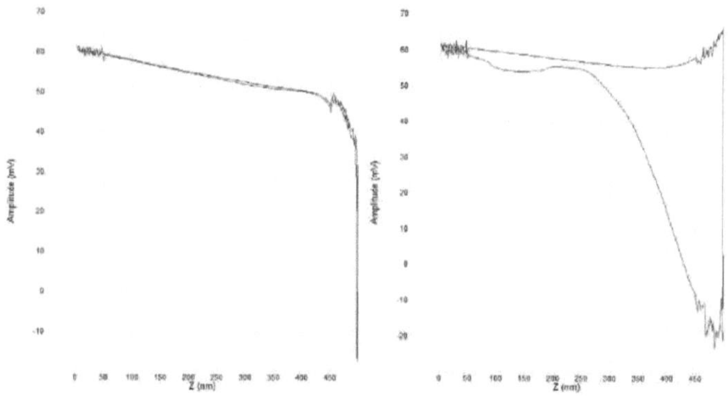

Fig 4.24 Curvas de força AC em poliestireno de cultura de tecidos para a ponta TESPA antes (esquerda) e depois (direita) da adsorção de proteínas

4.4.5 Experiências DPFM em padrões de linhas FIB e AFM

As experiências DPFM foram efectuadas com uma sonda DNP S-10 (0,06 N/m) revestida com BSA. Imagiando uma amostra padrão e utilizando o algoritmo de reconstrução cega SPIP, obtivemos um raio de ponta R=29 nm. Foi obtida uma curva de força com um limiar de disparo de 0,2 V (ou seja, um valor de força relativamente baixo) numa amostra de safira, uma vez que se trata de uma superfície relativamente dura e rígida, presumiu-se que, a este nível de força, a deformação da superfície era mínima e, por conseguinte, a curva de força poderia ser utilizada para calibrar a sensibilidade de deflexão da alavanca, 66 nm/V neste caso. De facto, utilizando este valor, e utilizando o formalismo de contacto de Hertz, calcula-se uma deformação de 0,06 nm para o substrato de safira (com F=19 nN, R=29 nm e E=400 GPa).

As experiências DPFM foram efectuadas com um ponto de regulação da deflexão CAFM de 3,5 V e os resultados são apresentados na Figura 4.25. Todas as imagens foram subtraídas do fundo. Considerando a forma esférica do vértice da ponta e as alturas de inclinação e de profundidade dos padrões, estas imagens não são afectadas pela geometria da ponta. Isto é demonstrado nos perfis X apresentados na figura 4.25a, em que tanto a ponta como as superfícies são aumentadas por um fator 5 na direção Y. Por conseguinte, as diferenças na amplitude da altura observadas na figura 4.25 são reais e correspondem ao que foi medido anteriormente, dh= 0,6 ± 0,1 nm e dh=1,6 ± 0,2 nm para os padrões de linhas FIB e AFM, respetivamente.

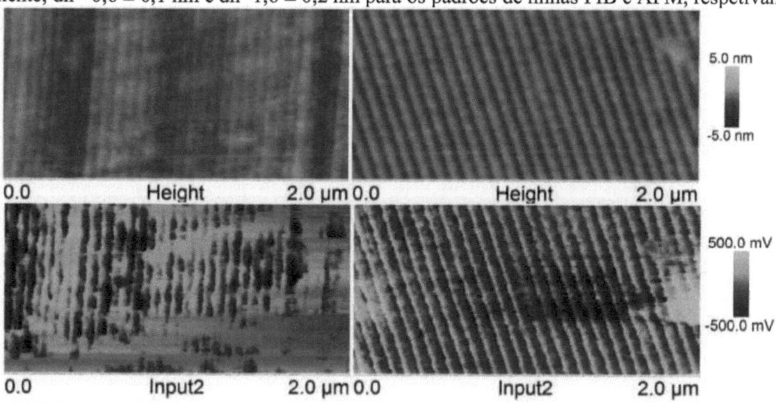

Figura 4.25: Imagens DPFM do padrão de linhas FIB (esquerda) e AFM (direita) com sondas DNP S-10 revestidas com BSA

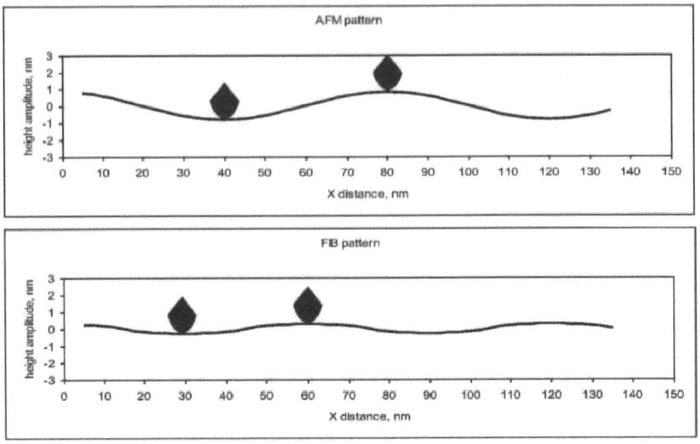

Figura 4.25a: Perfis X para a ponta DPFM AFM e as superfícies modeladas, com a dimensão Y aumentada por um fator 5 tanto para a ponta como para as superfícies

O sinal de entrada2 (i2), em mV, representa a deflexão para a força de arrancamento na retração. A saturação deste sinal i2 é por vezes observada para o padrão FIB. Isto deve-se ao facto de o osciloscópio do controlador DPFM ter uma saída de visualização de tensão máxima de 10V, que é facilmente alcançada com esta alavanca suave. Estas áreas saturadas serão ignoradas na discussão seguinte, uma vez que as áreas não saturadas da imagem já representam um número de medições (ou seja, pelo menos 80.000 curvas de força para o padrão FIB) que é estatisticamente relevante. A análise da rugosidade das imagens de entrada 2 não subtraídas, não mostradas aqui, indica que os valores médios deste sinal i2 para os dois padrões são 9,6 ± 0,3 V e 4,4 ± 0,2 V para os padrões FIB e AFM, respetivamente. Estes valores de Vi2 são proporcionais à força média de arrancamento na retração. Estas forças de arrancamento podem ser calculadas utilizando a sensibilidade da alavanca S (em nm/mV) e a constante da mola da alavanca k (in N/m), $\Delta F_{po}=S.\Delta V_{i2}.k$, , obtendo-se valores de força de arrancamento

- Fpo =37,4 nN para o padrão FIB
- Fpo =17,1 nN para o padrão AFM

Finalmente, estes valores de força podem ser associados à energia interfacial ponta/superfície yts através de

$F_{po}= 3.\pi.R.\gamma_{ts}$, dando;

- γ_{ts}=137 mJ/m^2 para o padrão FIB
- γ_{ts}=62 mJ/m^2 para o padrão AFM

Por conseguinte, os dois padrões têm composições diferentes no que diz respeito à sua interação com a ponta revestida de BSA.

Também se nota nas imagens i2 um contraste oscilatório causado pelo padrão de linhas, em ambos os casos. Devido à boa sobreposição entre o traço AFM e o retraço, isto não é causado por um artefacto de feedback. Os valores correspondentes do contraste de adesão (ΔV_{i2}) são 600 ± 20 mV para o padrão FIB e 350 ± 20 mV para o padrão AFM, dando um contraste de força de tração ΔF_{po};

- ΔF_{po}=2,34 nN para o padrão FIB
- ΔF_{po} =1,36 nN para o padrão AFM

e, finalmente, um contraste na energia interfacial ponta/superfície $\Delta\gamma_{ts}$ de;

- $\Delta\gamma_{ts}$=8,57 mJ/m^2 para o padrão FIB
- $\Delta\gamma_{ts}$=4,98 mJ/m^2 para o padrão AFM

Assim, pode ver-se que existe uma diferença significativa na interação da superfície da ponta entre as colinas e os vales para o padrão FIB, sendo esta diferença apenas metade do valor para o padrão AFM. Globalmente, estes contrastes de adesão são pequenos em comparação com os sinais de adesão médios não subtraídos na área modelada (aproximadamente 6,2 e 8,0% de contribuição para os padrões FIB e AFM, respetivamente), enquanto o contraste topográfico nos padrões é de 300% e 800% do valor da rugosidade a-C:H (0,18 nm) para os padrões FIB e AFM, respetivamente.

4.4.6 Experiências em modo Interleave/Lift em padrões de linhas FIB e AFM

Para estas experiências Interleave/Lift, foram utilizadas sondas TESPA rígidas (~ 40 N/m, 300 kHz) de acordo com o seguinte protocolo. Com uma amplitude de acionamento de 17 mV, a alavanca oscilou com uma amplitude de 1V em ressonância quando posicionada 1 mm acima da superfície de uma amostra de safira. A abordagem foi efectuada com uma configuração de batida suave (90% de batida). Quando a superfície foi engatada, foi obtida uma curva de força com um limiar de disparo de 0,2 V (ou seja, um valor de força relativamente baixo) na safira, dando uma sensibilidade de deflexão de 65 nm/V.

Nesta fase, a ponta foi levantada 100 nm acima da superfície, a amplitude era agora de 0,8 V para a mesma amplitude de acionamento de 17 mV, tal como referido anteriormente, sendo esta redução devida ao amortecimento hidrodinâmico no espaço de ar. Nesta posição de 100 nm acima da superfície, ou seja, acima da gama de forças de longo alcance, variou-se a amplitude de acionamento e mediu-se a amplitude. A Figura 4.26 mostra a variação da amplitude com a amplitude de acionamento.

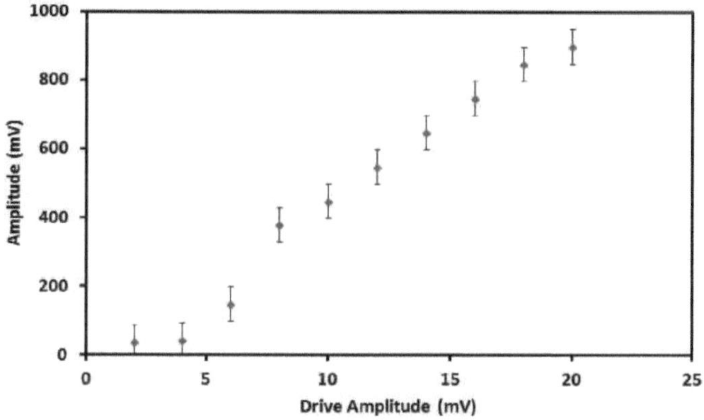

Figura 4.26: Variação da amplitude em relação à amplitude do acionamento

Com uma sensibilidade da alavanca de 65 nm/V e convertendo todos os valores para valores pico a pico, a alavanca oscila com uma amplitude pico a pico de 72 nm (amplitude de +36 nm), como mostra a figura 4.27a. A varredura de elevação foi efectuada com uma amplitude reduzida, 6 mV de amplitude de acionamento, resultando numa amplitude rms de 0,15 V, ou seja, uma amplitude pico a pico de 14 nm, como se mostra na figura 4.27b, para uma altura de elevação nula (h=0), e na figura 4.27c para h = +2 nm. O raciocínio é que, durante o modo de elevação, se traça a topografia permanecendo sem contacto, com a ponta da alavanca a ficar perto da posição da base da alavanca.

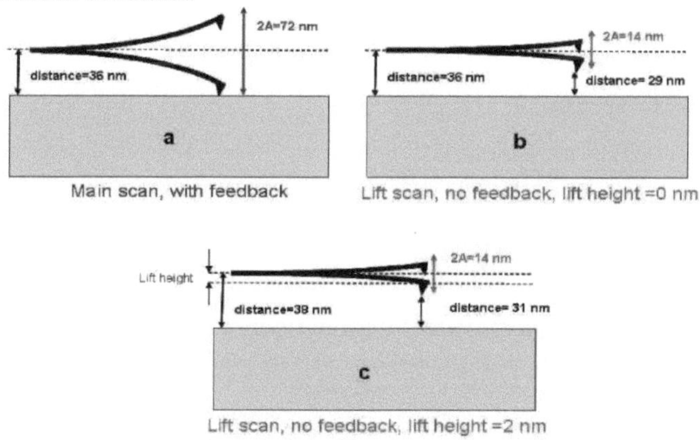

Figura 4.27: Operação de varrimento por elevação para a ponta revestida com TESPA BSA em padrões de linhas FIB e AFM

Os resultados experimentais de Interleave/Lift nos padrões FIB e AFM são apresentados na figura 4.28. Estas imagens são adquiridas de cima para baixo, com o varrimento lento (eixo Y) desativado, de modo a varrer sempre a mesma região da amostra. A dependência da distância das interações de longo alcance entre a ponta e a superfície é estudada variando a altura de elevação, pelo que a imagem é dividida em 7 secções diferentes, de cima para baixo, com alturas de elevação de 5, 4, 3, 2, 1, 3 e 4 nm. Para ambos os padrões, o comportamento é semelhante; a alturas de elevação de 5, 4 e 3 nm, não há contraste de amplitude, a h = 2 nm, o contraste do padrão de linhas aparece na imagem de amplitude, reforça-se a h = 1 nm e desaparece novamente quando h é aumentado para 3 e 4 nm. Esta altura crítica de elevação de 2 nm corresponde a uma distância média entre a ponta e a superfície de 38 nm, que é a mesma para ambos os padrões. No entanto, a magnitude do contraste de amplitude rms é diferente, 25±1 e 14±1mV para os padrões FIB e AFM, respetivamente, correspondendo a uma alteração fraccionada na energia da alavanca oscilante de 2,8 e 1% para estes dois padrões.
A realização da mesma experiência numa superfície de poliestireno de cultura de tecidos (TCPS) mostra que a alteração da amplitude começa a aparecer a h=20 nm, uma distância ponta/superfície de 56 nm, o que indica interações atractivas ponta/superfície mais fortes em relação às superfícies a-C:H modeladas, como seria de esperar, considerando que as superfícies TCPS são superfícies padrão para estudos de adesão celular, habitualmente utilizadas em biologia celular, e por isso concebidas para atrair proteínas BSA.

Imagiologia: TESPA (* 40 N/m de rigidez) Ponta AFM revestida com BSA

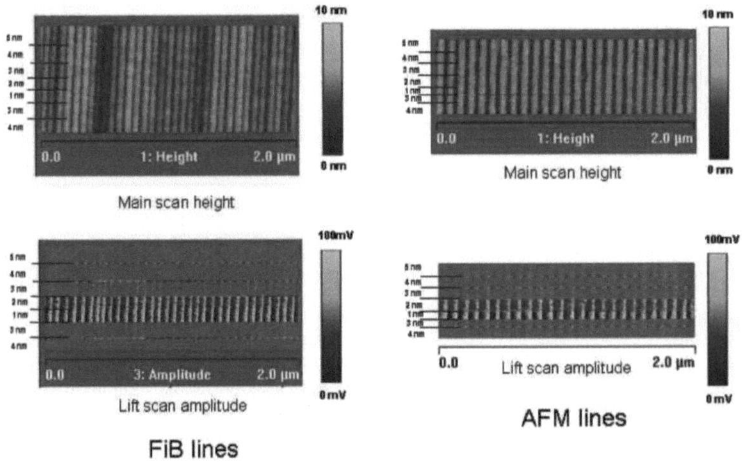

Figura 4.28: Operação de varrimento por elevação, utilizando uma ponta revestida com TESPA BSA em padrões de linhas FIB e AFM.

Assim, estas experiências mostram que, para ambos os padrões, as interações ponta/superfície de longo alcance são detectadas à mesma distância crítica de 38 nm. A magnitude destas interações, embora pequena, é maior no caso do substrato com padrão FIB.

4.5 Discussão

4.5.1 a-C:H Propriedades do revestimento

O revestimento de carbono amorfo hidrogenado produzido em substrato de Si apresenta um valor de rugosidade de 0,18 nm, o que indica a suavidade do filme e está de acordo com os estudos anteriores sobre a-C:H [5]. O espetro Raman também foi o esperado, o que indica uma quantidade considerável de conteúdo de sp^3 na película de a-C:H com provavelmente 20 GPa de dureza e módulo ~150 GPa, como medido anteriormente [11, 12].

4.5.2 Análise do tamanho do ponto do feixe

Uma técnica amplamente utilizada para estimar o tamanho do ponto do feixe FIB consiste em expor o substrato depois de o revestir com uma resistência, e desenvolver a resistência. Embora este método seja fácil de implementar, o processo de desenvolvimento da resistência pode alterar o perfil do furo fresado e afetar a precisão da técnica [13]. Arimoto et al. introduziram uma técnica de gume de faca que detecta a variação da intensidade do sinal do feixe de iões durante o varrimento através de um gume cortado. Este método apresenta uma fraca relação sinal-ruído a correntes mais baixas, enquanto que correntes mais elevadas tendem a pulverizar o bordo [14]. Komura et al. utilizaram o ataque seletivo da área danificada induzida pelo feixe em

GaAs, seguido de observação por microscopia eletrónica de varrimento. Benassayag et al. utilizaram o TEM para obter imagens de regiões amorfas em heteroestruturas de GaAs/AlGaAs após exposição FIB com feixe de iões. Em ambos os métodos acima referidos, os autores presumem que as zonas amorfas geradas pelo bombardeamento iónico dão uma indicação precisa da distribuição espacial dos danos, que se supõe estar diretamente relacionada com o perfil do feixe iónico [15, 16].
A relação entre o tamanho do ponto do feixe FIB e a geometria do ponto fresado foi estudada por outros [17, 18]. Para um determinado tamanho de ponto FWHM, um processo de corrosão super-linear daria origem a um ponto de fresagem mais pequeno (ou seja, FWHM mais pequeno), enquanto um processo sub-linear daria origem a pontos maiores. Apesar disso, o modelo prossegue assumindo uma relação linear entre a densidade da corrente e a profundidade fresada (relação entre z1/z2 e j1/j2, em que z é a profundidade fresada e j a densidade da corrente). Deve notar-se, no entanto, que a fresagem FIB, como todos os processos de danos induzidos por radiação, é um processo complexo que envolve muitos mecanismos que competem com a pulverização catódica do átomo alvo, ou seja, vias de relaxamento, tais como a produção de fonões ou fotões emitidos, que dependem da taxa. Como tal, depende mais da densidade de corrente do que da densidade de carga. De facto, a maioria dos materiais tem um limiar de fresagem FIB. Além disso, neste estudo, observou-se que a dose, expressa em $nC/\mu m^2$, pode não ser o parâmetro relevante. A Figura 4.16 mostra que, para uma dada dose, as duas correntes produzem profundidades de fresagem diferentes. De facto, utilizando a dimensão do tamanho do ponto, estas duas correntes correspondem a densidades de corrente médias de 40 e 12 $nA/\mu m^2$, , o que pode explicar a maior taxa de fresagem observada para a condição de 100 pA.

Apesar disto, muitos autores utilizam a dose expressa em $nC/\mu m^2$ para estudar a fresagem FIB, o que implica novamente uma relação linear entre a dose e a corrosão. Por exemplo, o autor do modelo acima mencionado justifica esta suposição de linearidade observando que o seu modelo é igualmente válido para uma gama de diferentes materiais alvo. Neste estudo, também será considerado que a fresagem FIB das películas de a-C:H é linearmente dependente da densidade de corrente, pelo menos para a pequena gama de doses aqui considerada. Esta suposição permite calcular o perfil de corrosão de furos de FIB estreitamente espaçados, como se mostra na figura 4.29.

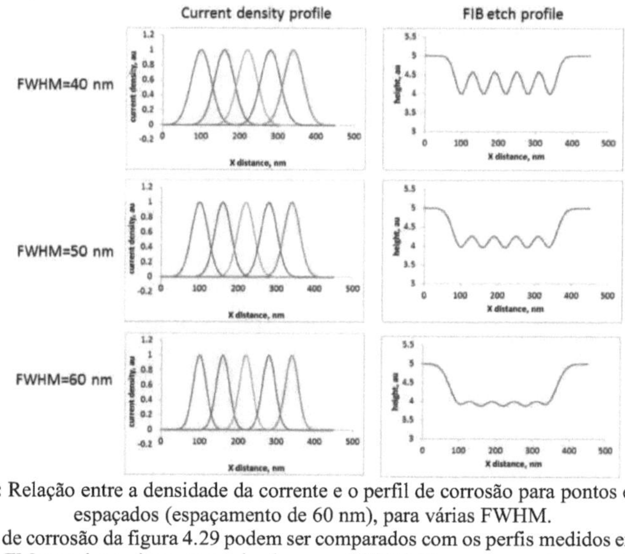

Figura 4.29: Relação entre a densidade da corrente e o perfil de corrosão para pontos estreitamente espaçados (espaçamento de 60 nm), para várias FWHM.

Os perfis teóricos de corrosão da figura 4.29 podem ser comparados com os perfis medidos experimentalmente por microscopia AFM para determinar o tamanho do ponto FWHM. No caso presente, encontra-se um tamanho de ponto de 60 nm de diâmetro. Para uma matriz feita com um espaçamento de 60 nm, isto corresponde a uma amplitude da matriz (a oscilação) de 10% da profundidade total do fosso, na extremidade da matriz, tal como observado aqui. Esta análise será utilizada para estimar a distribuição da carga implantada na matriz FIB e o contraste de composição resultante.

4.5.3 Implantação de Ga e estrutura de ligação a-C:H

Muitos estudos documentaram a implantação de gálio resultante do processo de fresagem FIB em silício [19,

20], metais [21], carbono amorfo e diamante [22, 23], etc. A investigação TEM revela que a camada amorfa introduzida pela fresagem iónica depende fortemente da energia cinética e do ângulo de incidência dos iões utilizados e da geometria da fresagem [24, 25]. Existem poucos dados disponíveis sobre outros materiais [26, 27], e os métodos e parâmetros aplicados diferem consideravelmente, impedindo uma comparação conclusiva. Uma forma de estudar a interação entre os iões de gálio e o carbono amorfo hidrogenado é utilizar simulações SRIM (paragem e alcance dos iões na matéria) [28]. Os cálculos mostram que um ião Ga+ de 30 keV tem um alcance projetado de 32 nm em a-C:H (densidade = 2 g/cm3), como mostra a figura 4.30 (a descrição detalhada dos termos usados na figura pode ser encontrada em srim.org). Este facto é consistente com a deteção deste gálio por EDX. O cálculo SRIM também dá um valor de pico de Ga$^+$ implantado de 5,5x10^5 em unidades de (ião/cm^3)/(ião/cm^2), o valor em ião/cm^2 correspondente à dose irradiada, que neste caso é de 1,11x10^{16} Ga /cm^{+2} , tomando um tamanho de ponto de 60 nm de diâmetro, portanto 0,0117 nC/pm^2 . Assim, obtém-se uma concentração de Ga+ de 7,2x1021 Ga+/cm3, ou 7,2 Ga /nm^{+3} . Considerando uma densidade a-C:H de 2 g/cm^3 (ou seja, 100 carbono/nm^3) obtém-se um teor de gálio de 7,2 at.%. Apesar disso, a análise Raman mostrou uma alteração muito pequena das caraterísticas espectrais do a-C:H, sugerindo apenas pequenas alterações na estrutura de ligação e nas propriedades estruturais da película de a-C:H. No entanto, o gálio pode ter afetado as propriedades da superfície, como a função de trabalho e a energia da superfície, que podem ser variáveis relevantes para a adsorção de proteínas. No entanto, não existem relatos na literatura de danos causados por FIB nas superfícies de a-C:H, embora Stanishevskya *et al.* tenham efectuado cálculos semelhantes para ta-C irradiado com uma dose semelhante, de 0,01nC7',um^2 , mas utilizando um feixe de Ga+ de 50 kV. Observaram que estas condições eram suficientes para criar um inchaço de 10 nm na superfície do ta-C, nunca observado neste estudo do a-C:H. Doses > 0,3 nC um^2 produziram a moagem da superfície de ta-C [9]. Também observou alterações espectrais Raman significativas, consistentes com uma grafitização da película de ta-C, algo não observado no presente estudo. A diferença de comportamento pode dever-se à menor energia iónica utilizada no presente estudo e, possivelmente, a diferentes densidades de corrente. Além disso, pode haver diferentes interações alvo/ião entre o a-C:H e o ta-C, sendo este último mais tenso e mais denso, pode acomodar os eventos de colisão diminuindo a sua densidade e inchando.

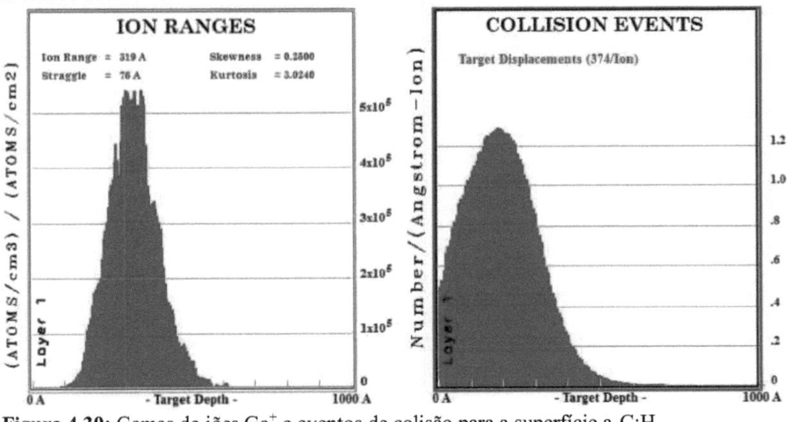

Figura 4.30: Gamas de iões Ga$^+$ e eventos de colisão para a superfície a-C:H

4.5.4 Padrões AFM e FIB

Há uma série de estudos que examinam a influência da nanotopografia na adsorção de proteínas [29-32], que serão discutidos mais pormenorizadamente no próximo capítulo. Uma revisão, publicada recentemente [33], sublinha que essas investigações devem continuar, uma vez que a ligação entre a topografia e a adsorção de proteínas ainda não é totalmente compreendida.

A este respeito, o trabalho realizado na secção 4.4 é informativo. Mostra, em primeiro lugar, que o contraste topográfico (amplitude da altura) é diferente nos dois padrões. Isto não foi feito de propósito, uma vez que o objetivo era produzir topografias semelhantes por modelação FIB e AFM para estudar o efeito do contraste composicional. A questão aqui é que ambos os padrões são feitos de elementos que interagem, ou seja, quando o tamanho do elemento é comparável ao espaçamento entre elementos. Neste caso, a amplitude das caraterísticas produzidas é difícil de controlar.

Os resultados mostram também que, para ambos os padrões, a ponta AFM revestida com BSA experimenta diferentes interações atractivas nas colinas e nos vales do padrão, ou seja, o padrão é também composicional.

A magnitude deste contraste composicional também é diferente para os dois padrões, com maiores diferenças de adesão entre colinas e vales para o padrão FIB. No longo alcance, estudado pelo modo de funcionamento Interleave/Lift, apenas se registam pequenas alterações, mais uma vez maiores para o padrão FIB.

Estes resultados, para os padrões FIB, podem ser explicados com base na interação eletrostática entre uma ponta revestida de BSA com carga negativa e um padrão implantado de Ga^+ com carga positiva. No entanto, este é um problema complexo que requer a soma de interações entre regiões de carga distribuída de caraterísticas desconhecidas. De facto, o contraste de força medido de 2,34 nN foi utilizado para estimar uma destas quantidades desconhecidas, a carga por molécula de BSA adsorvida. Para o efeito, foram efectuadas as seguintes simplificações.

A distribuição dos iões Ga^+ implantados foi discutida e resulta do ponto implantado que é aqui considerado como uma carga pontual. O valor dessa carga será calculado utilizando a simulação SRIM (figura 4.30). Estimando um ponto esférico de dimensão definida pelo straggle (s) (FWHM do alcance projetado, s = 7,6 nm), $V = (4/3).\pi.s^3 = 1840\ nm^3$. A concentração de gálio de 7,2 Ga /nm^{+3} dá uma carga de $1{,}810^{-15}$ C. No entanto, como a única região interessada é o contraste de carga Δq_+ entre colinas e vales, apenas 10% desta carga, ou seja, $\Delta q_+ = 1{,}8 \times 10^{-16}$ C foi considerada.

Esta carga pontual é colocada no intervalo projetado, estimado a partir do software SRIM, ou seja, a 32 nm de profundidade sob a superfície. Obviamente, o Ga também está presente na superfície, como demonstrado pelas medições Tof-SIMS (figura 4.21). No entanto, o intervalo projetado representa a profundidade onde reside a maior parte do gálio.

A carga na ponta revestida com BSA é uma quantidade desconhecida. No entanto, pode assumir-se que será negativa (as proteínas têm uma carga negativa acima do seu ponto isoelétrico [34]). Assume-se também que as moléculas de BSA estão numa forma de monocamada na ponta, com uma pegada esférica na superfície da ponta. A dimensão desta pegada é desconhecida; no entanto, o seu alcance pode ser definido. Com uma espessura medida de 4 nm para a BSA na sonda AFM, que corresponde ao diâmetro do pequeno eixo do elipsoide nativo, consideramos um diâmetro da pegada de 14 nm, assumindo uma conformação nativa na ponta. Isto pode ser justificado de acordo com um estudo anterior que demonstrou que, em superfícies altamente curvas (ou seja, na ponta AFM), as moléculas de BSA são adsorvidas na sua conformação nativa [33]. Também neste caso, para simplificar o cálculo, assume-se que a interação eletrostática entre a ponta e a superfície se processa através do vértice da ponta, ou seja, um hemisfério de raio R=29 nm, para a ponta DNP utilizada nesta experiência, como se mostra na figura 4.31.

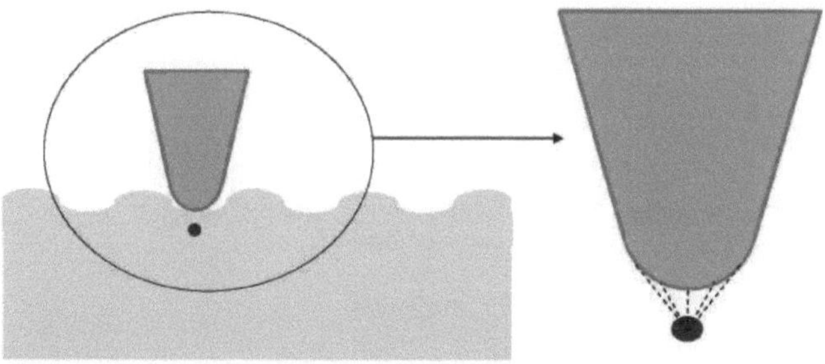

Figura 4.31: Diagrama esquemático que representa a ponta AFM revestida com BSA em contacto com o padrão FIB, sendo o ponto de Ga implantado representado por um ponto azul.

Assim, a interação eletrostática ponta/superfície é modelada por um somatório de pares entre a carga pontual do Ga (+) e a carga distribuída hemisférica da ponta (-). Este somatório é esboçado na figura 4.32, sobre o vértice da ponta (carga q-1), uma região anular diretamente acima dela (carga q-2) e novamente acima dela (carga q-3).

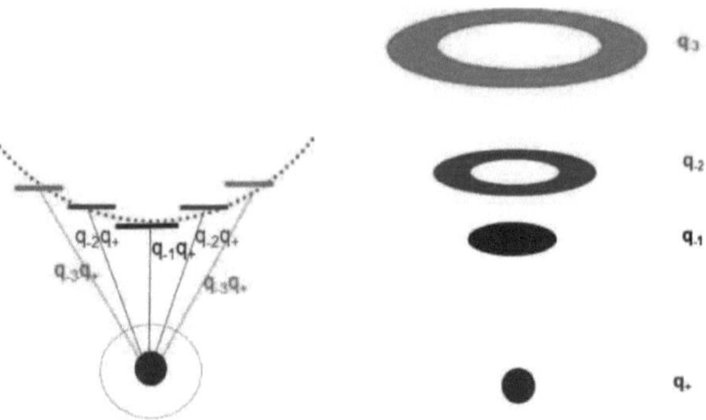

Figura 4.32: Interação eletrostática ponta-superfície

Os cálculos foram efectuados utilizando a lei de Coulomb e as interações estão representadas na Figura 4.33, permitindo uma variação de ±10% no alcance projetado e no arrastamento. A carga negativa calculada por molécula de BSA é de 1,3-3e. Este valor é consideravelmente inferior ao valor da BSA em solução a pH neutro, -18e [35]. Este facto também é esperado, uma vez que a carga das proteínas tende a ser maior em soluções diluídas [36]. Finalmente, outra explicação é o facto de o modelo geométrico simples aqui utilizado poder sobrestimar o contraste de carga da FIB.

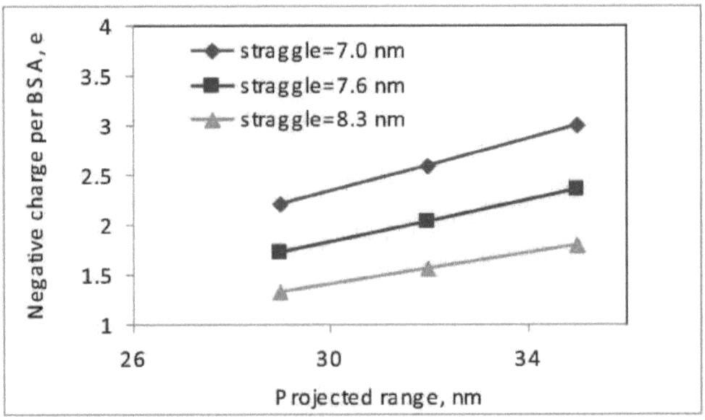

Figura 4.33: Carga negativa por molécula de BSA adsorvida em função do raio da pegada da proteína, para vários "straggles" (ou seja, raio da carga pontual de Ga^+ implantada) e alcance projetado (ou seja, profundidade da concentração máxima de Ga)

Esta discussão refere-se apenas ao contraste de carga entre as colinas e os vales do padrão FIB, mas também é consistente com os outros resultados obtidos na secção 4.4. Em primeiro lugar, olhando para os valores médios dos sinais DPFM i2 para os dois padrões, a diferença entre estes dois padrões, 37,4 -17,1 = 20,3 nN, deve representar a força eletrostática atractiva entre a carga total de Ga e a ponta, de acordo com a hipótese aqui formulada, uma força que deveria ser teoricamente 10 vezes maior do que a força de contraste (2,34 nN), aqui na prática cerca de 9 vezes maior, portanto, em grande parte de acordo com este modelo simples. Em segundo lugar, o modelo também é coerente com as medições Lift/Interleave sobre interações de longo alcance; o contraste de amplitude entre colinas e vales é novamente mais forte para o padrão FIB. Neste caso, este contraste de amplitude é fraco e representa apenas uma pequena percentagem da energia da alavanca. Isto deve-se provavelmente ao facto de, a esta distância de 38 nm das superfícies modeladas, a distância entre o contraste de carga e a ponta ser de 32 + 38 = 70 nm; assim, com uma distância 2,2 vezes maior, a interação eletrostática é ~5 vezes mais fraca do que na superfície, tal como indicado pelo sinal DPFM i2.

Isto deixa a questão da natureza do contraste composicional para o padrão AFM. A sua natureza é menos fácil de determinar e apenas serão dadas aqui explicações provisórias. Considerando a dimensão lateral da indentação (~ 100 nm) e o espaçamento (80 nm), tal como na fresagem FIB, as caraterísticas do padrão são "interactivas". Como a zona plástica no material é geralmente muito maior do que a área indentada, isto cria uma alteração média nas propriedades da superfície. É pouco provável que a magnitude da alteração das propriedades mecânicas afecte a adsorção de proteínas, uma vez que os valores do módulo de elasticidade (E) e da dureza (H) do a-C:H são muito superiores aos dos materiais biológicos. No entanto, a nível local, a plasticidade em materiais amorfos como o a-C:H não é entendida em termos da geração de deslocações cristalinas, mas sim com o conceito de volume livre e hibridação de carbono. Assim, se a ponta de diamante provocar uma reorganização local da rede de carbono, por exemplo nos vales onde a tensão é maior, isto pode alterar localmente o volume livre e a hibridação e, por conseguinte, a interação com as proteínas. Outro efeito possível é o devido à fricção. O diamante é um isolante elétrico muito bom, com uma função de trabalho mais elevada (menor afinidade eletrónica) do que o a-C:H, pelo que é possível o carregamento estático devido à fricção. Isto faria com que o sulco ficasse carregado negativamente no padrão AFM. Este facto pode explicar a intercalação/Lift e

Contrastes DPFM 12 medidos nestes padrões. A uma distância de 70 nm, isto não pode ser causado por interações de van der Waals, que têm uma dependência de $1/r^7$ força-distância, mas deve ter origem numa interação eletrostática, com uma dependência de distância mais fraca, neste caso uma interação repulsiva entre as duas superfícies de cargas negativas.

4.6 Conclusão

Neste capítulo, os nano-padrões foram produzidos por fresagem FIB e nanoindentação AFM com um espaçamento de 60 nm, sendo assim úteis para estudar a adsorção de proteínas em superfícies padronizadas. A implantação de Ga na película de a-C:H foi medida por EDX e análise Tof-SIMS, calculada com modelação SRIM para ter um valor de pico de 7,2 at.% na rede a-C:H. Apesar disso, a análise Raman detectou apenas uma alteração espetral muito pequena após a irradiação FIB, sugerindo variações negligenciáveis na estrutura de ligação. Esta situação foi comparada com a das películas de ta-C, também estudadas de forma semelhante e que apresentam grafitização. Por fim, foram estudadas as interações entre uma ponta de AFM revestida de BSA e os padrões. As interações de longo alcance, estudadas com a técnica Lift/Interleave AFM, deram origem a um contraste de composição colina/vale a uma distância ponta/superfície de 38 nm, maior no caso do padrão FIB. As interações de curto alcance foram estudadas utilizando a técnica DPFM. Também neste caso, o padrão apresentou um contraste de composição colina/vale, na adesão, embora representando apenas uma pequena fração, 6,2-8%, do sinal de adesão global. Também aqui, este pequeno sinal de composição foi considerado duas vezes maior para o caso do padrão FIB, quando comparado com o padrão AFM. Este efeito foi interpretado como resultante da interação eletrostática atractiva entre a ponta revestida com BSA, carregada negativamente, e o gálio implantado, carregado positivamente. Esta interpretação e a simulação SRIM (±10% na gama projectada e no straggle) foram utilizadas para dar uma estimativa da carga negativa da proteína, que varia entre 1,3-3e. Finalmente, foi também discutida a natureza do contraste composicional para o padrão AFM, sendo os possíveis mecanismos a criação de cargas de remendo resultantes da fricção contra a face do indentador de diamante e a criação de novos ambientes de ligação sob a ponta do indentador.

CAPÍTULO 5

Adsorção de soluções proteicas em películas de carbono amorfo hidrogenado sem padrão e com padrão

Este capítulo descreve a investigação da adsorção de proteínas de albumina e fibrinogénio em tampão fosfato salino (PBS) e água desionizada (DI) em superfícies a-C:H padronizadas e não padronizadas.

5.1 Solução proteica

5.1.1 Medidas de queda do pingente

A tensão superficial YLV da solução proteica foi medida com a ajuda do método da gota pendente. A figura 5.1 mostra uma gota em forma de pendente para a solução BPF-PBS, enquanto a figura 5.2 resume os valores de tensão superficial medidos por esta técnica.

Figura 5.1: Medição da tensão superficial da solução BPF-PBS

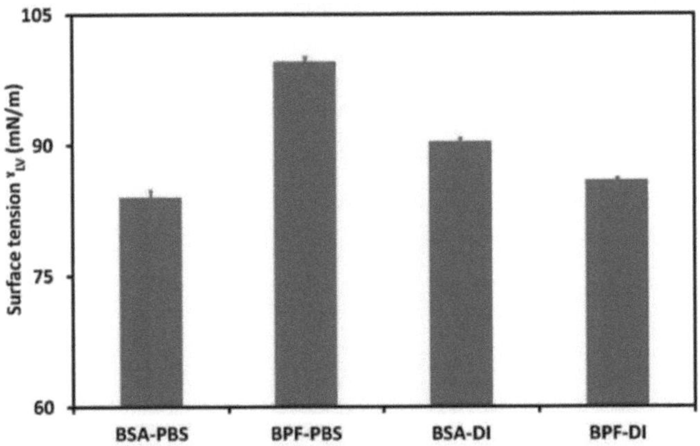

Figura 5.2: Valores de tensão superficial de diferentes soluções proteicas medidos através do método da gota pendente

Pode ver-se na figura 5.2 que, no solvente PBS, o fibrinogénio tem uma tensão superficial mais elevada do que a albumina, ao passo que, na água desionizada, a albumina tem uma tensão superficial mais elevada do que o fibrinogénio. Em geral, uma diminuição do valor de YLV indica um processo em que as proteínas tendem a migrar para a interface ar/água, tornando-se assim mais anfifílicas.

5.1.2 Espectroscopia FTIR de soluções proteicas

Os espectros de proteínas em solução foram adquiridos utilizando uma célula líquida de 15 gm de percurso com janela de CaF2. Os espectros de fundo foram escolhidos como o meio proteico (tampão ou água desionizada). A Figura 5.3 mostra o espetro de FTIR do BPF-PBS em solução, onde se pode ver a banda amida-I (1600-1700 cm^{-1}), que se deve quase inteiramente às vibrações de estiramento C=O das ligações peptídicas. As frequências da banda amida-I são consideradas estreitamente relevantes para cada elemento da estrutura secundária da proteína. Em contraste, a banda da amida-II (1480-1575 cm^{-1}) é menos suscetível à alteração conformacional da proteína e deriva principalmente da flexão NH no plano e da vibração de estiramento CN [1]. A Figura 5.4 mostra os espectros deconvoluídos de todas as soluções proteicas ajustadas com um algoritmo Gaussiano utilizando o software Origin 7. O ajuste foi sempre efectuado com um número mínimo de componentes, utilizando a posição de pico flutuante dentro da janela de número de onda definida (podem ser encontrados detalhes no capítulo 3). Os resultados, que resumem a quantidade de estrutura secundária extraída para cada solução proteica, são apresentados na Tabela 5.1 e na Figura 5.5.

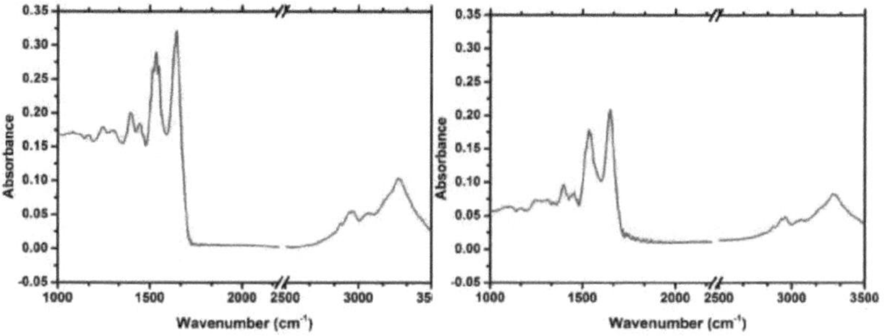

Figura 5.3: Espectro medido de BPF-PBS (esquerda) e BSA-DI (direita) em solução forma

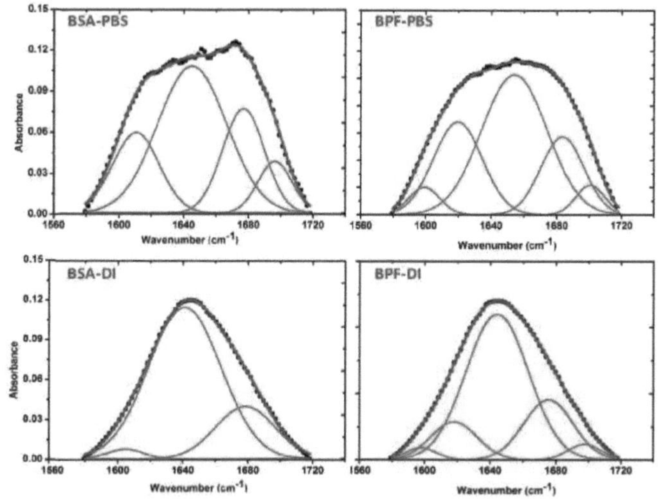

Figura 5.4: Espectros FTIR deconvoluídos da região amida-I para diferentes soluções proteicas

Tabela 5.1: Percentagem de estrutura secundária obtida após a deconvolução da região amida-I para os espectros FTIR das soluções (o erro absoluto em cada percentagem areal é de ~ 10%)

Gama	Identificação	BSA-PBS (%)	BPF-PBS (%)	BSA-DI (%)	BPF-DI (%)
< 1620	Corrente lateral	19	28	2	14

1620-1640, 1660-1685	β-folha	22	18	21	24
1640-1660	a-hélice/rolo aleatório	50	49	76	56
> 1685	β-tornar	9	5		4

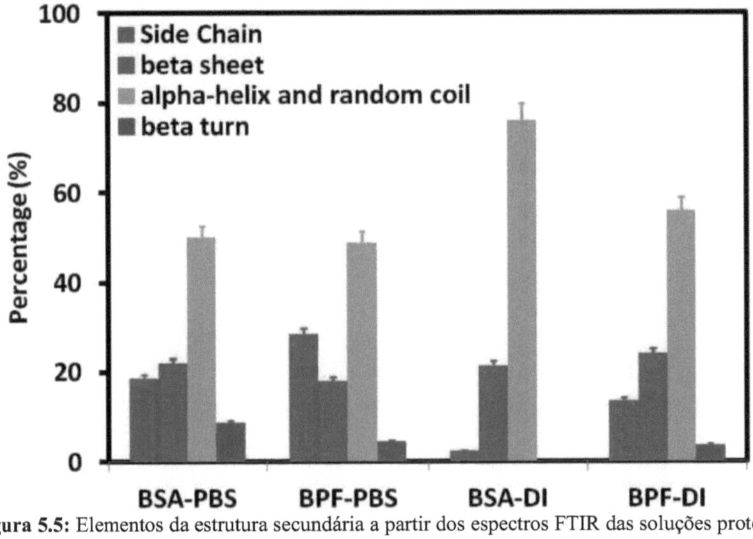

Figura 5.5: Elementos da estrutura secundária a partir dos espectros FTIR das soluções proteicas.

Tal como referido no capítulo 3, a atribuição de picos aqui utilizada é menos inequívoca do que em muitos estudos de adsorção de proteínas [2], que diferenciam as caraterísticas de bobina aleatória e de a-hélice. No entanto, tal como referido no capítulo 3, esta distinção não é possível numa solução aquosa. A única caraterística percetível extraída da figura 5.5 é que a albumina tem um componente muito mais elevado de a-hélice/bobina aleatória em água desionizada (76%) do que em PBS (50%), o que é claramente visível como o estreitamento espetral desta banda de amida I na figura 5.4. As variações dos outros componentes do espetro de BSA são menos claras e estão dentro dos erros experimentais. Para a FBP, a água desionizada também produz um estreitamento espetral que pode ser atribuído a uma diminuição dos componentes das cadeias laterais (de 28 para 14%).

5.2 Adsorção de proteínas em películas de a-C:H não padronizadas resultantes de um método de gota fundida

5.2.1 Medições do ângulo de contacto

Uma vez que as imagens das gotas sésseis foram obtidas mais ou menos imediatamente após a formação da gota, estas medições não devem ser influenciadas pelo conjunto coloidal que se desenvolve durante a secagem da gota, mas fornecem informações sobre as várias energias interfaciais: YSV, YSL e YLV. A figura 5.6 mostra a imagem ótica de uma gota de solução BPF-DI moldada para medir o ângulo de contacto, enquanto a figura 5.7 resume os valores do ângulo de contacto de diferentes soluções para a superfície a-C:H.

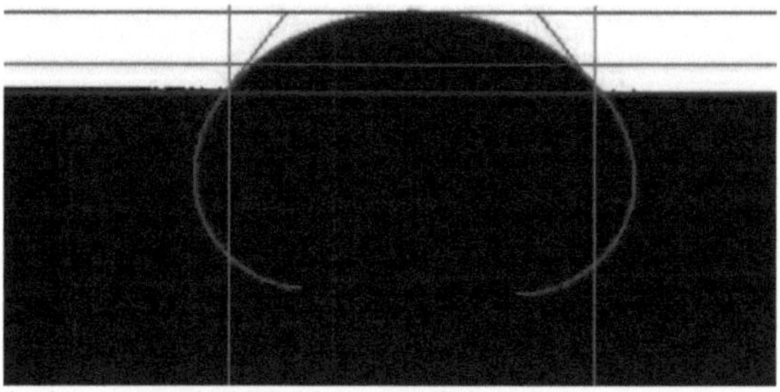

Figura 5.6: Ângulo de contacto do BPF-DI na superfície a-C:H

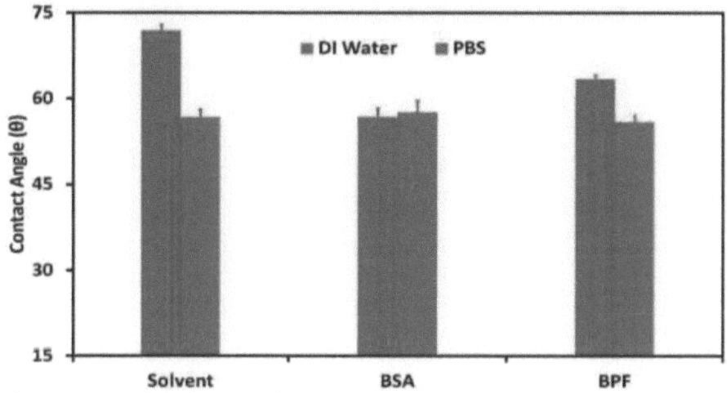

Figura 5.7: Ângulo de contacto de soluções de solventes e proteínas para uma superfície a-C:H Observa-se que ambas as proteínas diminuem o ângulo de contacto da água.

5.2.2 Microscopia SEM/EDX

As gotas fundidas de soluções proteicas resultam numa mancha de "gota de café" na superfície do a-C:H, devido ao processo de montagem coloidal impulsionado pela rápida taxa de evaporação na linha de contacto da gota. Por conseguinte, é imperativo identificar onde o cristal de PBS se forma e onde a proteína se adsorveu. A Figura 5.8 mostra uma micrografia SEM do bordo de uma gota de uma solução de BSA/PBS. Observam-se cristais de dendrite brilhantes sobrepostos a uma película fissurada mais escura.

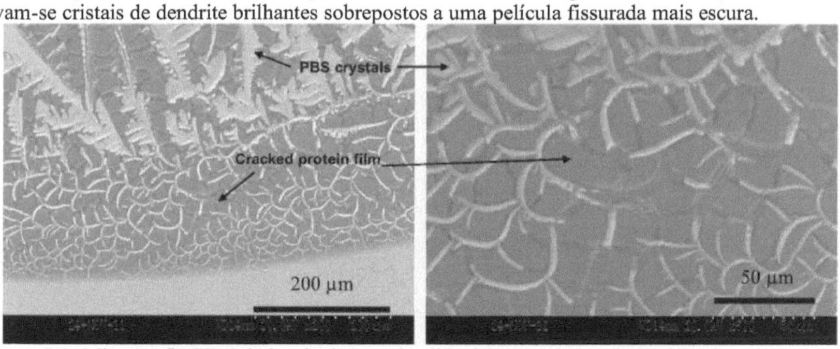

Figura 5.8: Micrografia SEM do bordo da gota fundida de uma solução de BSA/PBS

A figura 5.9 mostra uma análise EDX pontual obtida a 20 kV numa extremidade da película fissurada. Mostra que apenas o carbono e o silício são detectados no substrato, enquanto na película o sinal do carbono é mais elevado, o sinal do silício é mais baixo e é detectado oxigénio. Este facto é consistente com o facto de a película ser feita de proteínas.

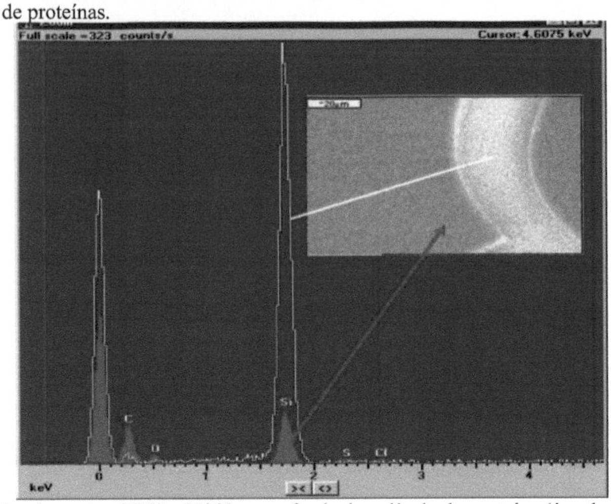

Figura 5.9: Análise de pontos EDX a 20kV numa fenda da película de proteína (área branca) e na película (área vermelha).

A figura 5.10 mostra um espetro de EDX obtido a 5 kV (300 nm de profundidade de informação) sobre a película, onde também se pode observar um pequeno pico de azoto, outra indicação da presença da película polipeptídica. Na figura 5.11 é mostrada uma análise EDX pontual obtida a 20kV perto de alguns dos cristais dendríticos. Mostra sinais de Na e S indicativos da presença do tampão. As imagens AFM destes cristais são apresentadas no Apêndice A.

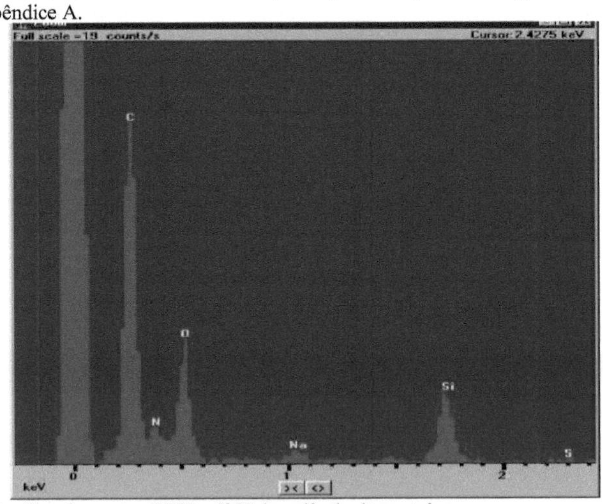

Figura 5.10: Análise de pontos EDX a 5kV da película de proteínas

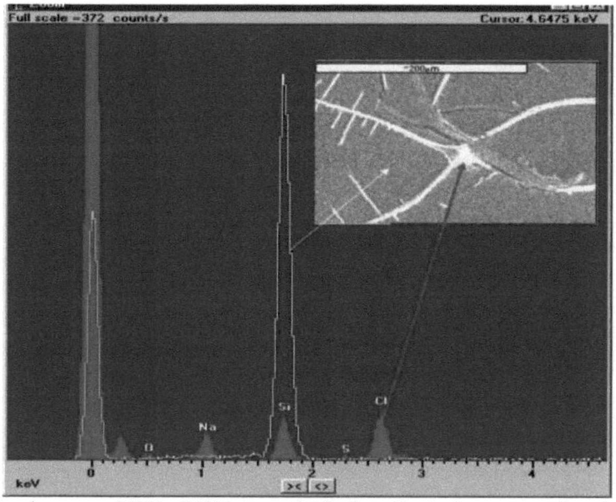

Figura 5.11: Análise de pontos EDX a 20kV numa fenda da película de proteína (área branca) e na película (área vermelha).

5.2.3 Microscopia AFM de gotas de proteínas fundidas

A figura 5.12 mostra a imagem da altura e da secção de uma gota fundida numa superfície de C:H, medida com a ajuda de microscopia de força atómica. O bordo da gota é normalmente alto porque, quando a gota é lançada sobre a superfície, fixa-se ao longo da linha de contacto e, à medida que a água se evapora, esta linha de contacto aumenta de espessura.

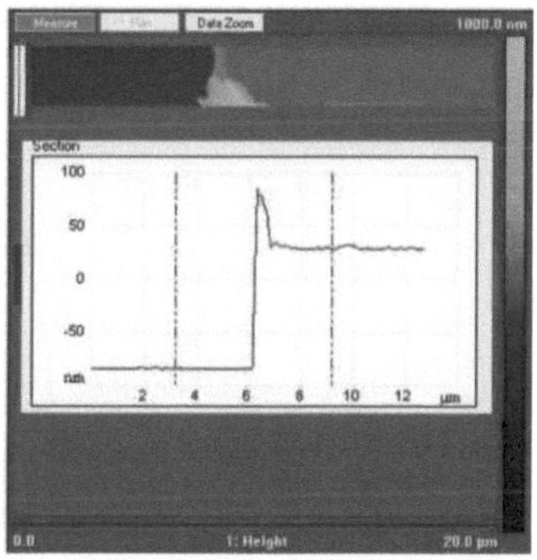

Figura 5.12: Imagem TAFM mostrando o bordo da película de proteína BSA, para uma fenda no interior da gota fundida. A espessura é de aproximadamente 110 nm.

5.2.4 Espectroscopia ATR-FTIR de gotas de proteínas fundidas

A Figura 5.13 mostra uma imagem ótica de uma gota fundida numa superfície de C:H para BSA-DI, mostrando sistematicamente a área onde os espectros foram adquiridos. Devido à existência de um microscópio ótico com o sistema FTIR, é possível adquirir o espetro a partir de uma posição conhecida, embora seja necessário um alinhamento preciso para investigar regiões com menos de 20 pm.

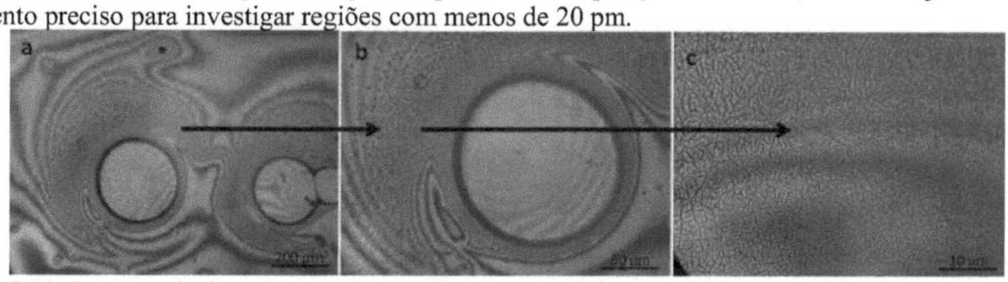

Figura 5.13: Imagens ópticas da gota de proteína na superfície de a-C:H mostrando a área onde o espetro

FTIR foi obtido.

A figura 5.14 mostra o espetro ATR-FTIR da proteína BPF-PBS moldada em gota na superfície a-C:H, enquanto a figura 5.15 mostra os espectros desconvoluídos de todas as soluções proteicas depois de serem moldadas em gota na superfície a-C:H.

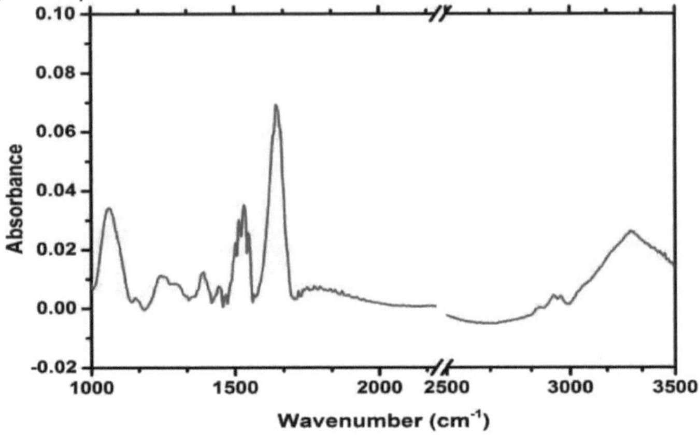

Figura 5.14: Espectros de fundo subtraídos de BPF-PBS após adsorção na superfície de a-C:H

Os espectros de proteínas adsorvidas foram recolhidos utilizando um acessório ATR equipado com um prisma de germânio (Ge) em gotas de proteínas fundidas, o que permite uma resolução lateral de ~ 100 pm e uma sensibilidade em profundidade de ~ 1 pm. Os espectros foram adquiridos na região central da gota e calculados em média em pelo menos cinco locais diferentes, evitando os agregados maiores. Os resultados indicam que este procedimento produziu pequenos desvios-padrão. Os espectros de fundo foram escolhidos como a superfície limpa de a-C:H para as medições de adsorção. O espetro bruto foi então subtraído do fundo e desconvoluído com o mesmo procedimento utilizado para as amostras de solução. As figuras 5.15 e 5.16 e a tabela 5.2 resumem a quantidade de estrutura secundária extraída após a deconvolução.

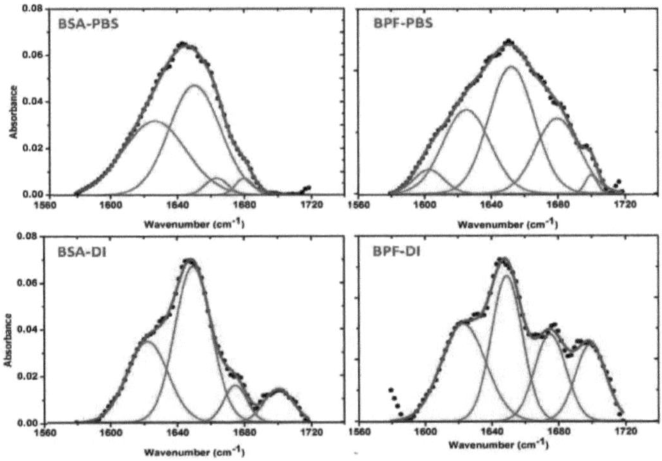

Figura 5.15: Espectros FTIR deconvoluídos da região amida-I para as diferentes proteínas adsorvidas em a-C:H

Tabela 5.2: Percentagem de estrutura secundária obtida após a deconvolução da região amida-I para os espectros FTIR das proteínas adsorvidas em a-C:H (o erro absoluto em cada percentagem areal é de ~ 10%)

Gama	Identificação	BSA-PBS (%)	BPF-PBS (%)	BSA-DI (%)	BPF-DI (%)
< 1620	Corrente lateral		5		
1620-1640, 1660-1685	Folha P	49	52	39	51
1640-1660	a-hélice/rolo aleatório	51	41	53	32
> 1685	Rotação em P		2	9	17

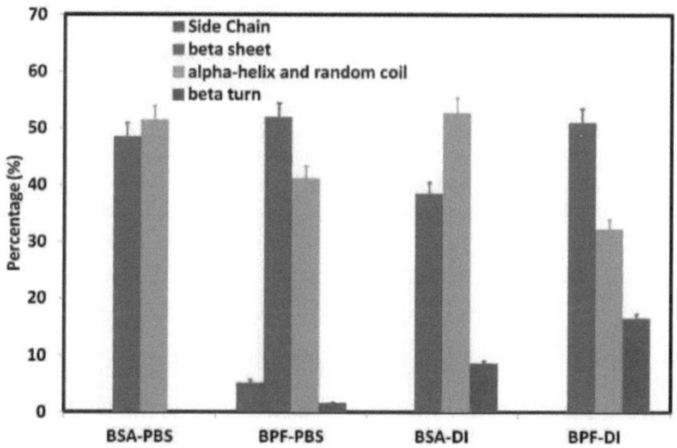

Figura 5.16: Elementos da estrutura secundária dos espectros FTIR das proteínas adsorvidas em a-C:H

Observando o envelope vermelho da figura 5.15 (ou seja, os dados), verificam-se alterações significativas nos espectros das proteínas adsorvidas ao passar de PBS para água desionizada, ou seja, o solvente influencia a forma da banda de amida I da proteína adsorvida. Estas alterações podem ser resumidas da seguinte forma, considerando ainda a passagem de PBS para água desionizada. Para a BSA, um aumento do componente P-turn (de 0 para 9%), para a BPF, uma diminuição do componente a-hélice/enrolamentos aleatórios (de 41 para 32%) e um aumento do componente P-turn (de 2 para 17%).

Finalmente, todas as tentativas de obter espectros ATR-FTIR em películas de proteínas adsorvidas preparadas pelo método de imersão (ver discussão) não tiveram êxito.

5.3 Adsorção de proteínas em películas de a-C:H não padronizadas resultantes de um método de imersão

5.3.1 Imagens de Microscopia de Força Atómica (TAFM)

As imagens TAFM das proteínas adsorvidas foram efectuadas de acordo com o procedimento descrito no capítulo 3, imergindo as amostras de a-C:H nas soluções proteicas, enxaguando com água desionizada e secagem com azoto seco. A Figura 5.17 mostra imagens de altura e fase AFM de varrimento de 1 pm das proteínas adsorvidas nas superfícies de a-C:H. Para cada experiência de adsorção, foram adquiridas pelo menos três imagens e as imagens apresentadas são vistas representativas das superfícies das proteínas adsorvidas. A superfície de a-C:H é sempre muito mais lisa do que a das proteínas adsorvidas.

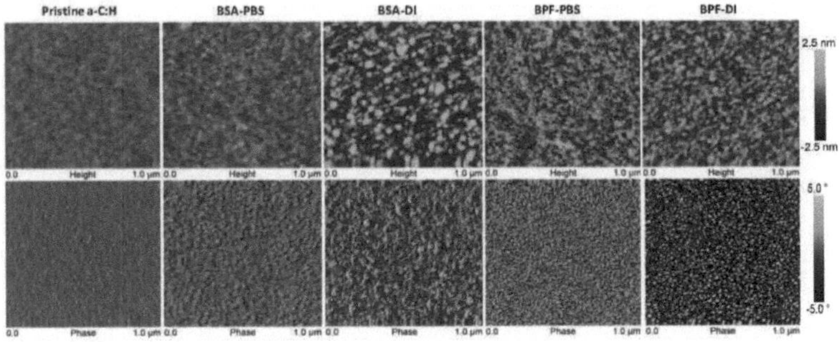

Figura 5.17: Imagens TAFM da altura (em cima) e da fase (em baixo) do a-C:H puro e da proteína adsorvida numa superfície de a-C:H sem padrão

Os valores de rugosidade do sinal da altura RMS (Rq) e da fase (Oq,), respetivamente, são apresentados na figura 5.18, enquanto a tabela 5.3 resume os valores de ARq (diferença de rugosidade rms entre a proteína pristina e a adsorvida) e $\Delta\Phi_q$ (diferença de fase rms entre a proteína pristina e a adsorvida) para todas as soluções proteicas. Todos os valores de Rq são inferiores a 1 nm, o que indica que a adsorção é homogénea em todos os casos. No entanto, a adsorção resulta em rugosidade em todos os casos, especialmente no caso da amostra BSA/DI. Esta rugosidade pode resultar simplesmente do tamanho das moléculas individuais de proteínas adsorvidas ou da presença de agregados de proteínas.

Os valores de Oq indicam um maior contraste de fase para o caso de adsorção a partir de água desionizada e, em geral, valores de Oq maiores para a FBP em comparação com a BSA. Este contraste de fase corresponde à dissipação de energia durante a operação de batimento. Uma vez que as imagens AFM foram adquiridas a uma velocidade de varrimento baixa, com uma boa sobreposição entre o traço e o retraço, isto deve-se a artefactos de feedback, mas pode resultar da deformação da camada proteica e/ou da histerese de adesão.

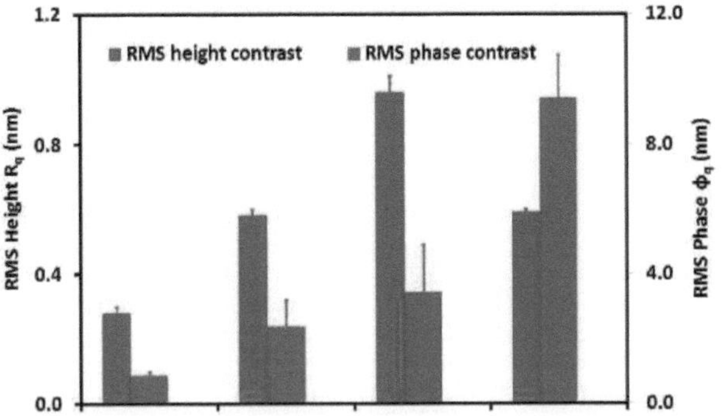

Figura 5.18: Contraste da altura média quadrática (Rq) e da fase (Oq) para diferentes soluções proteicas numa superfície a-C:H sem padrão.

Tabela 5.3: Valores de rugosidade Rms e de fase para a superfície a-C:H sem padrão com proteínas adsorvidas

	BSA-PBS	BSA-DI	BPF-PBS	BPF-DI
sem proteína (Rq)	0.18 + 0.01	0.18 + 0.01	0.18 + 0.01	0.18 + 0.01
com proteína (Rq)	0.28 + 0.02	0.96 + 0.05	0.58 + 0.02	0.59 + 0.01
ΔRq(nm)	**0.10**	**0.78**	**0.40**	**0.41**
sem proteínas (Φ_q)	0.45 + 0.01	0.45 + 0.01	0.45 + 0.01	0.45 + 0.01
com proteínas (Φ_q)	0.87 + 0.12	3.43 + 1.47	2.37 + 0.82	9.43 + 1.31
$\Delta\Phi_q$ ( )°	**0.42**	**2.98**	**1.92**	**8.98**

5.3.2 Curvas de força

As curvas de força foram adquiridas com uma ponta de Si (3 N/m) e uma ponta revestida de a-C:H (0,2 N/m). A ponta revestida com a-C:H foi obtida de um estudo anterior [3]. O objetivo desta investigação foi estudar as tensões internas na película de a-C:H depositada em cantiléveres CAFM, quando a deposição se processou apenas a partir da camada superior. Este estudo também produziu alavancas revestidas em ambos os lados para remover esta tensão. Devido à natureza conformacional do processo de revestimento PECVD, é provável que este processo resulte num revestimento fino e homogéneo de a-C:H no vértice da ponta da CAFM. Por conseguinte, foram estas alavancas que foram utilizadas no presente estudo.

A Figura 5.19 mostra imagens representativas das curvas de força dc adquiridas com estas sondas AFM (Si e a-C:H revestidas) para BSA-PBS adsorvido na superfície de a-C:H.

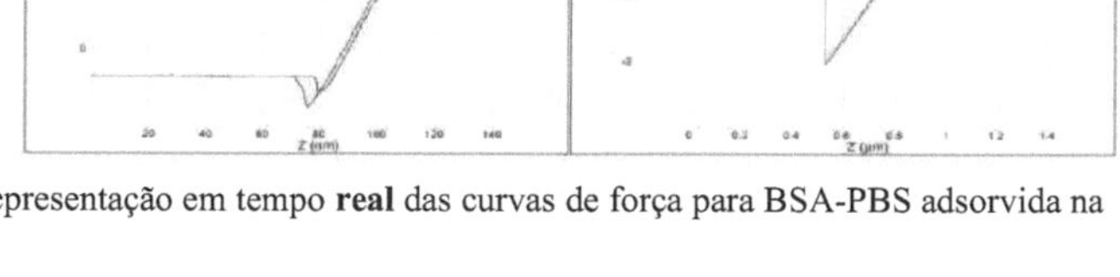

Figura 5 .19Representação em tempo **real** das curvas de força para BSA-PBS adsorvida na superfície a-C:H

Claramente, a ponta revestida com a-C:H sofreu uma força de arrancamento Fpo muito maior durante o seu ciclo de retração. Para todas as curvas de força adquiridas, nunca se observou que uma primeira aquisição desse um valor de Fpo significativamente diferente do das aquisições sucessivas. Isto indica que, em todos os casos estudados, o arrancamento se deveu à ligação ponta/filme de proteína e não à ligação filme de proteína/a-C:H, sendo a ponta nestes dois casos uma ponta de Si e uma ponta revestida de a-C:H.

A figura 5.22 mostra o gráfico de barras das forças Fpo, utilizando a respectiva deflexão de arranque (mV), a sensibilidade da alavanca (nm/V) e a constante da mola da consola (N/m).

No caso da ponta de Si, todas as películas de proteínas adsorvidas apresentam forças de arrancamento semelhantes, 13-14 nN. Para a ponta revestida com a-C:H, as forças Fpo são maiores para a BPF, para ambos os solventes. Neste caso, todos os valores de p obtidos por comparações entre pares são inferiores a 0,05.

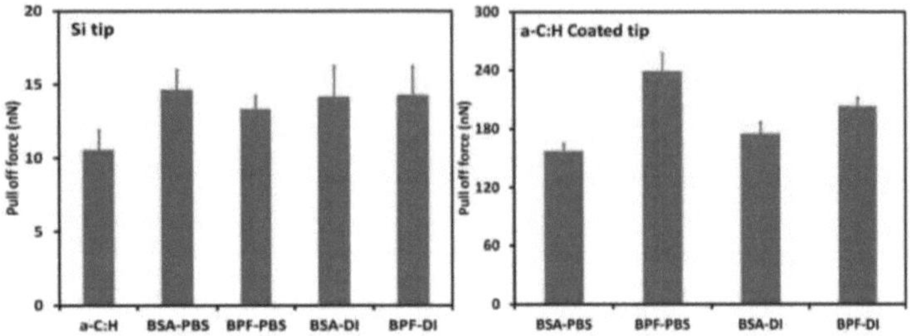

Figura 5.20: Forças de arrancamento medidas na curva de força AFM para diferentes soluções proteicas utilizando pontas AFM de Si e pontas AFM de Si revestidas com a-C:H.

5.3.3 Experiências de raspagem AFM

Os nano-riscos AFM foram produzidos utilizando uma ponta revestida de carbono tipo diamante (DLC) (40N/m). Para produzir estes riscos, o movimento do scanner foi desativado no eixo de varrimento lento, de modo a que o seu movimento na direção do eixo longo resultasse em linhas sobrepostas (100-150 linhas), definindo o risco final. A direção do risco foi perpendicular à direção da alavanca (ângulo de varrimento de 90°) ao longo de um comprimento de ~10 gm, com uma carga normal de ~2000 nN. Estes riscos foram visualizados no modo TAFM com a mesma alavanca orientada na direção do eixo longo (ângulo de varrimento de 0°) e as imagens obtidas foram analisadas utilizando um histograma de altura. Uma vez que o módulo de Young do a-C:H é muito mais elevado do que o da camada proteica, é razoável assumir que estas cargas baixas apenas arranham a camada adsorvida. De facto, os riscos realizados sob as mesmas condições na superfície a-C:H não revestida mostraram uma profundidade de risco insignificante (< 0,05 nm). Além disso, a ausência de embotamento da ponta foi verificada utilizando o software SPIP.

A Figura 5.21 mostra os resultados das experiências de raspagem AFM efectuadas numa película de BSA e BPF adsorvida em a-C:H a partir de uma solução PBS. A Tabela 5.4 e a Figura 5.22 mostram estas profundidades de raspagem juntamente com as alturas e larguras de empilhamento. As espessuras das películas proteicas são maiores para ambas as proteínas em água desionizada em comparação com o solvente PBS. Geralmente, o material empilhado é muito maior para a adsorção a partir de água desionizada, indicando uma fratura mais frágil. Esta fragilidade pode ter origem na película (ou seja, forte atração proteína-proteína) e/ou na interface película/a-C:H. Assim, em água desionizada, parece que a adsorção de proteínas resulta num sistema de película/substrato mais coeso quando comparado com o PBS.

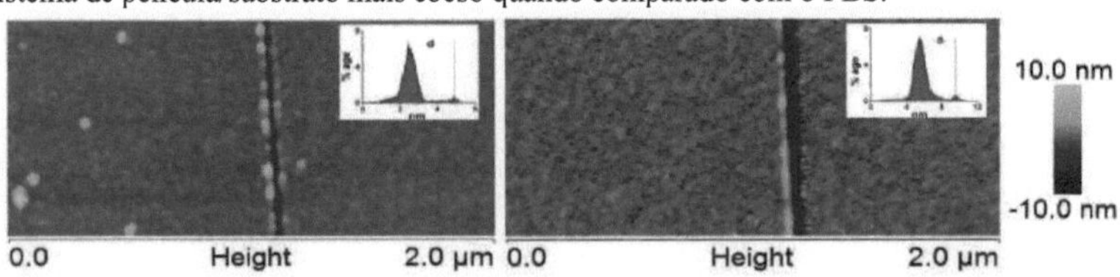

Figura 5.21: Imagens representativas da experiência de nano-riscos AFM para BSA-PBS (esquerda) e BPF-PBS (direita) utilizando uma ponta revestida com DLC, d é a espessura do revestimento

Tabela 5.4: Profundidade de raspagem AFM e empilhamento à volta da raspagem

	Altura do empilhamento (nm)	**Largura do empilhamento (nm)**	**Profundidade do risco (nm)**

BSA-PBS	6.60 + 1.30	35.00 + 4.00	2.20 + 0.10
BPF-PBS	3.00 + 1.00	28.00 + 4.00	3.80 + 0.20
BSA-DI	33.29 + 6.80	169.29 + 13.29	4.58 + 0.45
BPF-DI	46.63 + 10.28	116.71 + 15.41	5.04 + 0.21

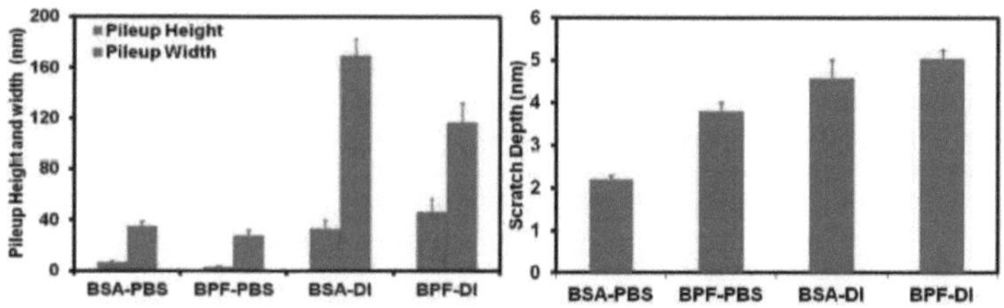

Figura 5.22: Resultados da análise estatística dos riscos AFM mostrando a largura e altura da pilha (PU) e a profundidade do risco.

Foi efectuada outra experiência de raspagem AFM nas quatro películas para testar a adesão película/substrato. Estas medições são efectuadas por rotina com nanoindentadores de diamante, utilizando um protocolo de carga de riscagem em rampa e monitorizando o coeficiente de fricção para detetar eventos críticos semelhantes à delaminação da película [4]. No caso destas películas ultra-finas e macias, esta experiência só pôde ser realizada com uma carga muito baixa, portanto com um microscópio AFM utilizando uma alavanca CAFM macia (alavanca DNP, 0,06 N/m). As imagens SPIP da amostra padrão captadas por esta ponta de Si AFM antes e depois da raspagem confirmaram um embotamento mínimo da ponta. Infelizmente, o software AFM não permitia aumentar a carga durante a raspagem, pelo que as raspagens foram efectuadas da seguinte forma. O tamanho da varredura foi definido para 10 pm, a varredura lenta foi desactivada para permitir que a ponta varresse sempre a mesma linha de amostra, a velocidade foi definida para 20 pm/s e o ponto de ajuste CAFM definido para a carga necessária (1,8, 2,4, 3,0, 3,6, 4,2, 4,8 e 5,4 nN). Depois de a amostra ter sido riscada 5 vezes, o tamanho de varrimento foi reduzido para 0 nm para se ter tempo de repetir a mesma experiência, com um desvio Y de 500 nm para a carga de riscagem seguinte. Os riscos foram posteriormente visualizados com uma força de 1nN. A Figura 5.23 mostra as imagens CAFM obtidas, com o risco efectuado com a carga mais baixa de 1,8 nN no lado esquerdo da imagem. Parece que, para as duas amostras de FBP, estas cargas de raspagem baixas não foram capazes de delaminar a película de proteína, ao contrário do caso das duas películas de BSA. Isto indica que, no caso das películas de FBP, a carga crítica de raspagem para a delaminação é superior a 1,8 nN; as duas películas de proteínas têm uma força de adesão diferente ao a-C:H.

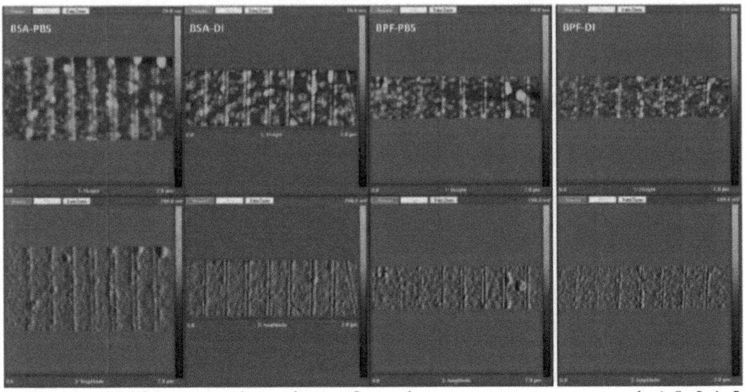

Figura 5.23: Imagens CAFM mostrando os riscos efectuados com cargas crescentes de 1,8, 2,4, 3,0, 3,6, 4,2, 4,8 e 5,4 nN para as quatro amostras. Estas imagens foram obtidas com uma força de 1 nN.

5.3.4 Experiências de varrimento de frequência em sondas AFM imersas

O objetivo era utilizar o desvio na ressonância induzido pela massa de proteína adicionada, devido à adsorção, para investigar a densidade da película de proteína, tendo calculado a sua espessura a partir da experiência de raspagem AFM. Foram efectuadas várias experiências utilizando alavancas AFM de Si sem ponta. A figura 5.24 mostra duas experiências de varrimento de frequência para as soluções BSA-PBS e BPF-PBS, mostrando claramente a mudança de frequência causada pela adsorção de proteínas. Estas experiências foram repetidas três vezes em três alavancas sem pontas diferentes.

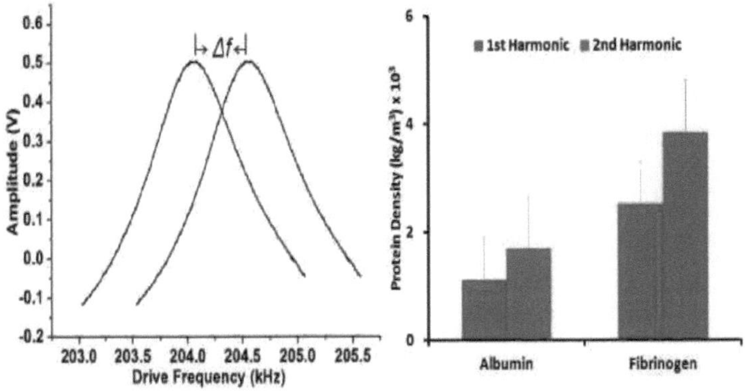

Figura 5.24: Ilustração esquemática da alteração da frequência devido à adsorção de proteínas (esquerda) e da densidade da albumina e do fibrinogénio utilizando a fundamental (1st) e 2nd harmónica (direita)

Foram utilizados dados de primeira e segunda harmónicas para medir a massa adsorvida no cantilever e a densidade da camada adsorvida. Os dados do segundo harmónico são mais sensíveis à absorção de massa, mas menos fiáveis devido à não homogeneidade do processo de adsorção nestes pequenos substratos (ou seja, menos de 50 pm de largura). De facto, experiências semelhantes realizadas com soluções proteicas em água desionizada resultaram em resultados pouco fiáveis devido a grandes inomogeneidades no processo de adsorção. Tomando os valores de densidade obtidos para o primeiro harmónico, obtém-se dBSA=1,6 g/cm^3 e dBPF = 2,5 g/cm^3 .

5.4 Adsorção de proteínas em películas de a-C:H modeladas resultantes da imersão em solução de proteínas

A adsorção de proteínas nestas superfícies modeladas é estudada utilizando TAFM com um cantilever de modulação de força (3N/m) operado num ponto de ajuste baixo. A Figura 5.25 resume as imagens de altura e de fase. Mais uma vez, foram adquiridas várias imagens e estas são vistas representativas das superfícies das proteínas adsorvidas.

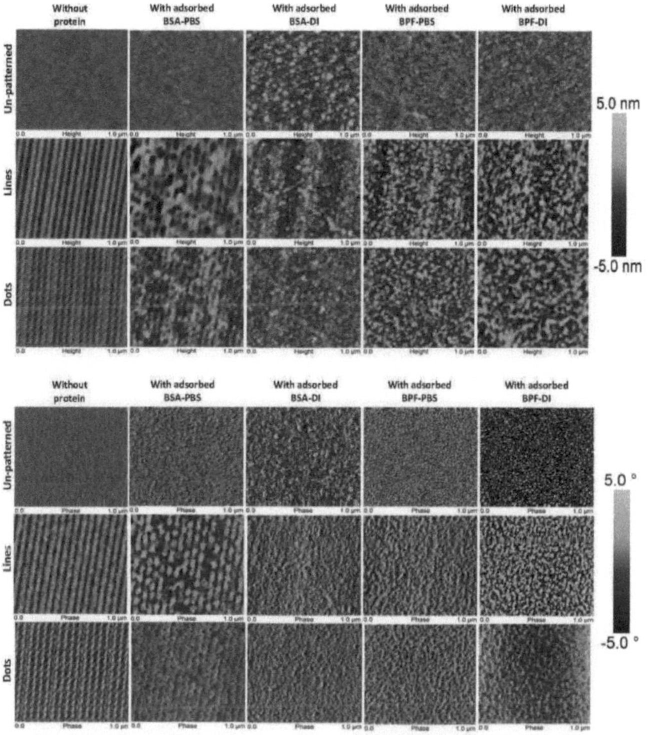

Figura 5.25: Imagens AFM da altura (em cima) e da fase (em baixo) do a-C:H puro (sem padrão) e do padrão de pontos e linhas na superfície do a-C:H com e sem proteínas adsorvidas

A introdução de pontos e linhas aumenta os valores de rugosidade da superfície a-C:H, como esperado, mas após a adsorção nessas superfícies padronizadas, a rugosidade muda novamente. A tabela 5.5 resume os valores de rugosidade (Rq), enquanto a figura 5.26 mostra os valores ARq; a diferença de rugosidade entre as superfícies com e sem proteínas.

Tabela 5.5: Valores de rugosidade da superfície a-C:H modelada e não modelada com e sem proteínas adsorvidas. O ARq representa a diferença de rugosidade entre as superfícies com e sem proteínas. O número entre parêntesis é a variação percentual relativa, d(ARq)/ ARq, do valor da superfície sem padrão para a superfície com padrão.

	Sem padrão	**(nm)**	**Padrão de linhas (nm)**	**Padrão de pontos (nm)**
	sem proteína (Rq)	0.18 + 0.01	0.83 + 0.04	0.55 + 0.02
BSA-PBS	com proteína (Rq)	0.28 + 0.02	1.19 + 0.05	1.02 + 0.06

	ARq	**0.10**	**0.36 (+260)**	**0.47 (+370)**
	sem proteína (Rq)	0.18 + 0.01	0.57 + 0.02	0.40 + 0.04
BSA-DI	com proteína (Rq)	0.96 + 0.05	1.15 + 0.12	0.75 + 0.04
	ARq	**0.78**	**0.58 (-26)**	**0.35 (-55)**
	sem proteína (Rq)	0.18 + 0.01	0.91 + 0.11	0.46 + 0.04
BPF-PBS	com proteína (Rq)	0.58 + 0.02	1.50 + 0.11	1.30 + 0.08
	ARq	**0.40**	**0.59 (+48)**	**0.84 (+110)**
	sem proteína (Rq)	0.18 + 0.01	0.52 + 0.07	0.57 + 0.10
BPF-DI	com proteína (Rq)	0.59 + 0.01	1.76 + 0.09	1.62 + 0.16
	ARq	**0.41**	**1.24 (+202)**	**1.05 (+156)**

O ΔR_q é uma medida da rugosidade da proteína adsorvida. Se o processo de adsorção fosse idêntico para as superfícies com e sem padrão, considerando, 1/ a amplitude da altura do padrão (~1,6 nm) e os sinais ΔR_q mais pequenos aqui medidos, 2/ a ausência de artefactos de ponta nestas caraterísticas pouco profundas, seria de

esperar um ΔR_q semelhante para as proteínas adsorvidas nas duas superfícies. Este facto nunca é observado, o que implica que os padrões modificam o processo de adsorção a nível local.
A mudança relativa em ΔR_q, $d(\Delta R_q)/\Delta R_q$ é uma medida de como a padronização modifica este rugosidade da proteína. Após a modelação, os valores $d(\Delta R_q)/\Delta R_q$ para os três sistemas
O BSA-PBS, o BPF-PBS e o BPF-DI aumentam, com uma alteração relativa que varia entre 48% e 370%. Para o sistema BSA-DI, a tendência é inversa, com a padronização a provocar uma redução do valor $d(\Delta R_q)/\Delta R_q$ de 26 e 55% para o padrão de linhas e pontos respetivamente.
O tamanho lateral das proteínas adsorvidas foi analisado utilizando uma rotina de análise de partículas, baseada na técnica de limiar. O critério de deteção de partículas foi definido de modo a evitar a fusão de partículas. A figura 5.27 apresenta um exemplo da análise, mostrando os grãos detectados como áreas verdes e o histograma de diâmetro correspondente (em que o diâmetro d é definido a partir da área calculada A, $d = (4A/\pi)^{1/2}$). Neste caso, a BSA-
A película DI é constituída por partículas maiores. A Figura 5.28 mostra um gráfico de barras que reúne a média e o desvio padrão dos diâmetros das partículas das várias películas de proteínas adsorvidas. Tal como para a análise da rugosidade mostrada na figura 5.26, no caso do sistema BSA-DI, a padronização reduz o diâmetro médio das partículas, enquanto que para os outros três sistemas, a padronização aumenta o diâmetro médio das partículas.

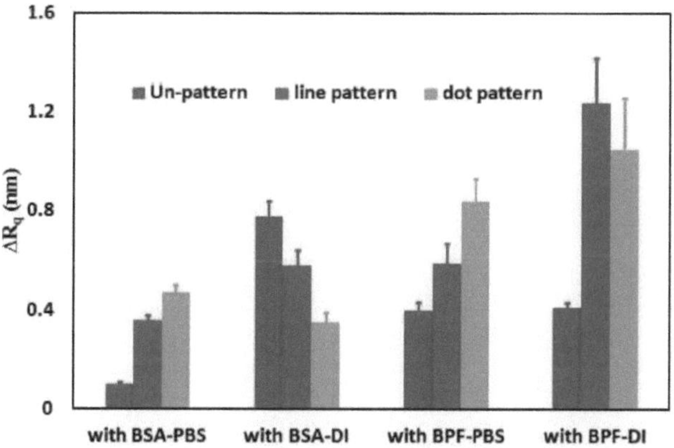

Figura 5.26: Diferença de rugosidade entre superfícies; com e sem proteínas

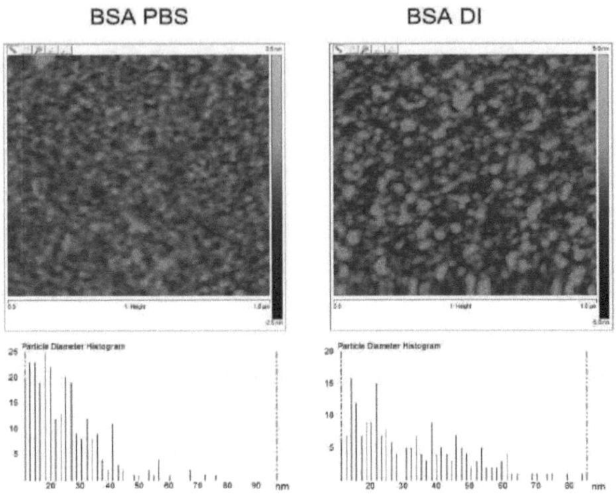

Figura 5.27Exemplo do método de análise de partículas para as películas de proteínas adsorvidas em a-C:H sem padrão, BSA-PBS e BSA-DI. O histograma da distribuição do diâmetro das partículas estende-se a diâmetros maiores no caso da BSA-DI.

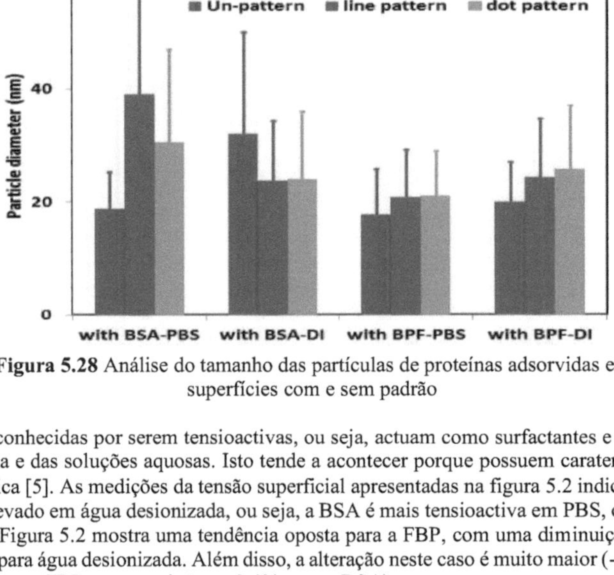

Figura 5.28 Análise do tamanho das partículas de proteínas adsorvidas em superfícies com e sem padrão

5.5 Discussão

As proteínas são conhecidas por serem tensioactivas, ou seja, actuam como surfactantes e diminuem a tensão superficial da água e das soluções aquosas. Isto tende a acontecer porque possuem caraterísticas de estrutura secundária anfifílica [5]. As medições da tensão superficial apresentadas na figura 5.2 indicam que o valor γ_{LV} da BSA é mais elevado em água desionizada, ou seja, a BSA é mais tensioactiva em PBS, o que foi observado por outros [6]. A Figura 5.2 mostra uma tendência oposta para a FBP, com uma diminuição do valor de YLV passando de PBS para água desionizada. Além disso, a alteração neste caso é muito maior (-14% de diminuição do valor de YLV para a FBP, por oposição a +2,4% para o BSA).

As medições FTIR em solução apresentadas nas figuras 5.4 e 5.5 mostram que a BSA e a BPF têm elementos semelhantes de estrutura secundária em PBS. Em água desionizada, a BSA apresenta uma alteração substancial da estrutura secundária, com o componente de a-hélice/bobina aleatória a aumentar de 50 para 76%. Tendo em conta a relativa robustez dos elementos estruturados da BSA, a-hélice e a folha P, trata-se possivelmente de um aumento da quantidade de bobinas aleatórias. De facto, um estudo de dicroísmo circular *in situ* publicado anteriormente sobre as alterações conformacionais da albumina na interface ar-água mostrou que esta proteína perde a sua a-hélice e torna-se uma proteína desordenada [7].

Em contrapartida, ao passar do PBS para a água desionizada, o BPF apresenta uma diminuição do seu componente de cadeia lateral (de 28 para 13%). Mais uma vez, comparando com a tendência da tensão superficial, que mostra uma redução significativa do YLV ao passar do PBS para a água desionizada, esta alteração nos espectros FTIR pode ser consistente com estruturas mais anfifílicas, daí um aumento do componente a-hélice. De facto, o componente a-hélice/aleatório aumenta (de 49 para 56%), embora de forma modesta.

As medições do ângulo de contacto(θ) mostram valores 0 mais baixos para as soluções proteicas em a-C:H do que para a água DI em a-C:H. Estes resultados estão de acordo com os resultados publicados anteriormente e são consistentes com o carácter hidrofóbico da superfície do a-C:H. Os valores de tensão superficial obtidos pelo método da gota pendente foram utilizados para calcular a densidade de energia superficial de adesão da gota $W_a = \gamma_{SV}+\gamma_{LV}-\gamma_{SL}$, que pode ser simplificado para;

$$W_a = \gamma_{LV}.(1+\cos\theta) \qquad 5.1$$

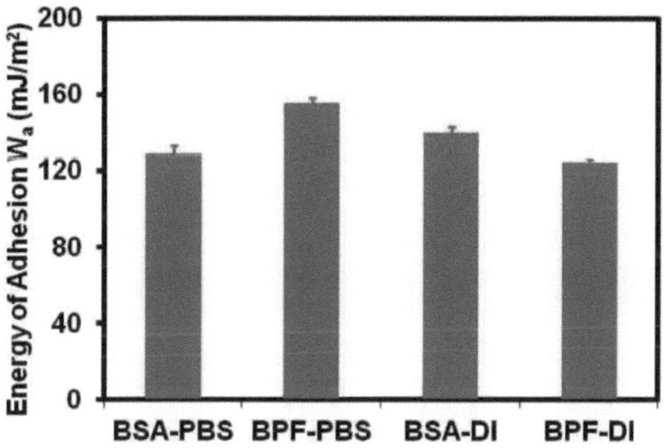

Figura 5.29: Energia de adesão da gota para as várias soluções na superfície de a-C:H-

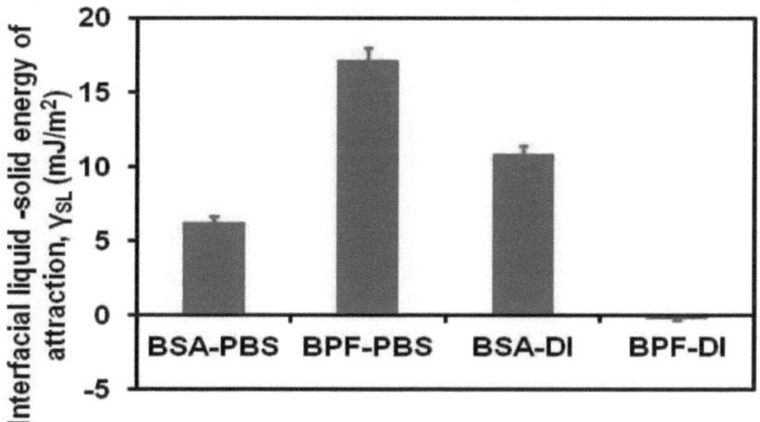

Figura 5.30: Energia de atração interfacial, $-\gamma_{SL}$ entre o sólido e o líquido na gota para as várias soluções na superfície a-C:H (note-se o sinal negativo, ou seja, quando γ_{SL} é negativo a interação é atractiva)

Os valores Wa para os quatro casos são apresentados na Figura 5.29, não são substancialmente diferentes, embora, com os pequenos erros registados, se possa ver claramente que o valor maior é para o caso BPF/PBS. Em contrapartida, a Figura 5.30 mostra a energia interfacial sólido-líquido calculada, YSL, sendo um valor negativo consistente com uma energia livre negativa, ou seja, uma situação em que a adesão é promovida (isto é, $-\gamma_{SL}$ aumenta com a afinidade S/L). Pode ver-se que as tendências em Wa e -YSL são diferentes. Este resultado aparentemente surpreendente pode ser explicado se considerarmos o significado destas duas quantidades. Enquanto que -YSL mede a atração entre duas fases (sólido e líquido), Wa representa um equilíbrio energético entre a criação/remoção de três interfaces, SV, LV e SL, pelo que o processo de secagem também está incluído em Wa. A diferença notável entre Wa e $-\gamma_{SL}$, mostrada na Figura 5.29 e 5.30, é para o caso BPF/DI; a afinidade proteína/a-C:H$(-\gamma_{SL})$ é baixa mas a ligação da gota (Wa) é comparável aos outros três casos. Uma explicação possível para este resultado é que, neste caso, existe uma interação desfavorável entre a solução e a superfície, mas interações igualmente desfavoráveis, se não mais fortes, entre a FBP e a água desionizada. Esta interpretação é consistente com a observação de que a água BPF-DI representa o sistema menos solúvel e frequentemente resulta na formação de fibrilas na adsorção, como mostrado na figura 5.31 e no Apêndice A.

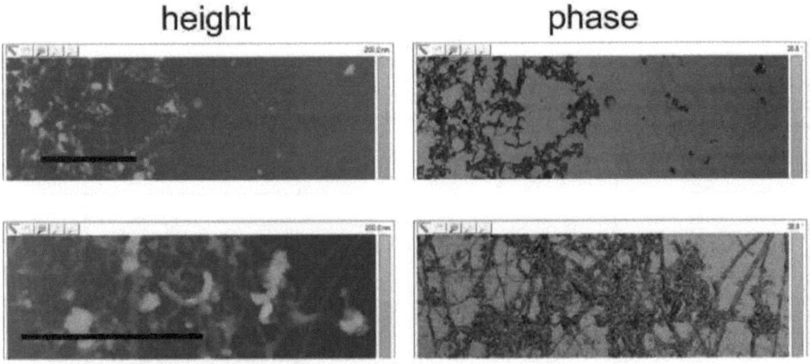

Figura 5.31 ImagemTAFM do BPF-DI adsorvido numa bolacha de Si, mostrando a formação de fibrilhas , barra de escala =2500 nm em ambas as imagens.

A análise SEM/EDX das gotas fundidas mostra uma série de caraterísticas identificáveis, tais como o depósito de cristalitos do tampão e uma película de proteína fissurada. A análise EDX de baixo kV da película de proteína na figura 5.10 mostra sinais de C, N e O da proteína, um sinal de Si do substrato de Si, mas muito poucos sinais de Na, P ou Cl do tampão PBS. Isto indica que estas películas são efetivamente películas de proteínas adsorvidas com pouco conteúdo de tampão. A imagem AFM apresentada em 5.12 indica que estas películas são lisas e têm uma espessura de ~ 110 nm. A imagem ótica do microscópio FTIR indica que a secagem das gotas fundidas resultou num padrão circular complexo, em que os solutos se acumulam na linha de contacto (bordo da gota fundida) das gotas secas. Este processo de montagem coloidal está bem documentado, nomeadamente no contexto da litografia de nanoesferas (NPL), e é impulsionado pela rápida taxa de evaporação na linha de contacto e pelas convecções de Marangoni no interior da gota, que conduzem o soluto e o solvente do centro para o bordo da gota [8]. À medida que o solvente se evapora, a linha de contacto altamente concentrada é mantida unida por forças de menisco, no caso da NPL. Esta linha de contacto pode ser facilmente presa por defeitos e imperfeições da superfície e também pela barreira energética associada à desumidificação. Isto significa que, na prática, é difícil prever onde o soluto se irá agregar e adsorver e o padrão de manchas secas tipo café visto na figura 5.13 é difícil de controlar.

No caso presente, os espectros FTIR foram obtidos para regiões afastadas das linhas de contacto, onde a película de proteína era relativamente fina (< 200 nm de espessura) e homogénea. Filmes de proteína fundidos anteriores mostraram que a análise FTIR da banda de amida I é um método fiável para estudar a conformação da proteína, desde que a espessura do filme seja inferior a 4 μm, , pelo que é provável que os dados FTIR obtidos na figura 5.14 para as gotas fundidas sejam relevantes para os filmes de proteína adsorvidos preparados pelo método de imersão (secção 5.3).

Estes resultados de FTIR indicam que os solventes influenciam a forma espetral, com a água desionizada a produzir maisβ- curva para ambas as proteínas adsorvidas. Estas alterações após a adsorção podem ser melhor visualizadas se compararmos os dois solventes e os dois casos em conjunto, solução e adsorção, no mesmo gráfico, como mostra a figura 5.32. No caso da BSA, a adsorção parece ter provocado um aumento

significativo do componente de folha β- (em média, em ambos os solventes, com um aumento de 20 a 44%), independentemente da modificação provocada pelo solvente. Verifica-se uma situação semelhante para o BPF, com o componente de folha β-, em média para ambos os solventes, a aumentar de 20 para 50%. É interessante notar que o aumento do componente de folha β- é uma caraterística comum da formação de fibrilas amilóides e, de um modo mais geral, da má dobragem das proteínas associada à toxicidade e às doenças de condensação proteica [9]. Estas alterações conformacionais correspondem a uma conversão da a-hélice em β- folha, resultando numa exposição dos grupos hidrofóbicos enterrados. Especificamente para o fibrinogénio, foi demonstrado que a exposição da proteína a surfactantes resulta numa diminuição semelhante da a-hélice e num aumento da folha P [10] e que a agregação do fibrinogénio em fibrina ocorre através da formação de estruturas de folha-β- cruzada [11]. Por último, um estudo de dicroísmo circular *in situ* sobre o fibrinogénio mostrou que as alterações conformacionais resultantes do rearranjo na interface ar-água provocam uma transformação completa da hélice a em β- folhas [7]. Esta literatura é consistente com os presentes resultados, com a natureza hidrofóbica de a-C:H e com outros estudos de adsorção de proteínas em superfícies hidrofóbicas [12, 13].
A Figura 5.14 mostra também o fenómeno bem conhecido da dispersão do tipo Mie, que ocorre quando o comprimento de onda da radiação incidente é semelhante, ou mesmo substancialmente inferior, ao tamanho da partícula dispersora. A dispersão do tipo Mie resulta numa ampla oscilação sinusoidal na linha de base do espetro e pode levar a distorções tanto da posição como da intensidade das bandas de absorção [14-16].
Infelizmente, não foi possível obter espectros ATR-FTIR de películas de proteínas adsorvidas com o método de imersão. A sensibilidade superficial do método está ligada ao decaimento da onda evanescente no lado da amostra do elemento que reflecte internamente. A profundidade de informação d pode ser calculada;

$$d = \frac{\lambda}{2\pi . n_1 . \sqrt{\sin^2 \theta - \left(\frac{n_2}{n_1}\right)^2}} \qquad 5.2$$

em que ni e n2 são o índice de refração da amostra e o IRE, respetivamente, θ é o ângulo de reflexão interno e X é o comprimento de onda IR de interesse. Utilizando um prisma de germânio sobre a película de proteínas a cerca de 1600 cm^{-1} (ni~1,5, n2~4), obtém-se d~ 600 nm. Como indica a figura 5.22, as películas de proteínas adsorvidas pelo método de imersão tinham todas menos de 10 nm de espessura; isto explicaria por que razão não foi possível detetar a sua presença por ATR-FTIR. Note-se que existem muitos dados publicados sobre a deteção de monocamadas de proteínas por ATR-FTIR; no entanto, estas experiências são frequentemente efectuadas em substratos de ouro que proporcionam um reforço plasmónico [17].

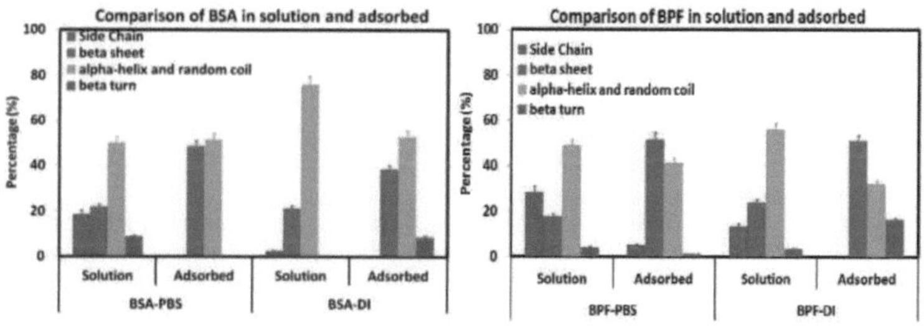

Figura 5. 32 Elementos de estrutura secundária dos espectros FTIR das proteínas em solução e adsorvidas em a-C:H

As imagens TAFM apresentadas na figura 5.17 mostram claramente que, no a-C:H não padronizado, a película de proteína adsorvida tem uma morfologia granular, resultando num aumento da rugosidade da superfície de a-C:H. Este facto pode ser esperado para a BSA, que é uma proteína globular; no entanto, pode perguntar-se por que razão a FBP não apresenta caraterísticas alongadas de adsorção, tendo em conta a assimetria da molécula de FBP no seu estado nativo. Estudos anteriores de AFM também mostraram que a adsorção de fibrinogénio em superfícies hidrofóbicas, como a pastilha de Si tratada com HF, resulta em caraterísticas globulares. Foram obtidos resultados semelhantes para o fibrinogénio adsorvido em películas de DLC [18, 19]. Em superfícies hidrofílicas, o comportamento de adsorção é diferente. Por exemplo, numa bolacha de Si tratada com ozono, a análise AFM do fibrinogénio adsorvido mostra uma molécula de FBP adsorvida individualmente, lado a lado, com ~ 50 nm de comprimento, com a sua estrutura tri-nodular identificável [20,

21]. Uma explicação possível é o facto de a molécula de FBP ter moléculas carboxílicas em ambas as extremidades, nos seus domínios D. Estes grupos polares podem interagir fortemente com uma superfície hidrofílica, o que fixaria a molécula na superfície.
A Figura 5.17 também mostra que a proteína adsorvida da solução de BSA-DI tem as maiores caraterísticas. Olhando para a figura, esta é uma observação óbvia, embora difícil de quantificar, uma vez que o método de análise de partículas aqui utilizado é difícil de implementar e propenso a erros. A questão principal é a definição do limiar que define a fronteira das partículas e a influência do ruído nos resultados do software. Se o valor exato do diâmetro médio estimado pode ser questionado, o método processa todas as amostras de forma semelhante; por conseguinte, este é um exercício útil como ferramenta comparativa. A figura 5.28 mostra que o diâmetro das caraterísticas varia entre 18 e 40 nm. Este valor é superior à maior dimensão da BSA na sua forma nativa (14 nm), pelo que, para esta proteína, a adsorção deve resultar de uma dobragem incorrecta ou da agregação de algumas proteínas. A Figura 5.28 também reproduz o que as imagens TAFM da Figura 5.17 mostraram claramente; para a-C:H sem padrão, caraterísticas significativamente maiores para o sistema BSA-DI. Uma explicação provisória poderia ser o facto de o teor mais elevado de espirais aleatórias, tal como se verificou na análise FTIR da solução de BSA/DI, poder resultar numa maior conformidade e mobilidade das moléculas de BSA adsorvidas, facilitando a sua dispersão ou agregação na superfície de a-C:H.
Considerando agora a dimensão das moléculas de BSA e de FBP, e a espessura da película de proteína, calculada a partir dos dados de raspagem AFM na tabela 5.4, pode dizer-se que as películas adsorvidas são provavelmente uma única camada de proteína e que, no caso da FBP, a adsorção deve ser lateral (47 nm no seu eixo longo na forma nativa). No caso da película BSA-PBS, a espessura é de 2,2 ± 0,1 nm, inferior à dimensão mais pequena (4 nm) da molécula de BSA na sua forma nativa. Por conseguinte, esta camada adsorvida é provavelmente constituída por proteínas mal dobradas, uma observação que está de acordo com o que foi dito acima. De facto, tal como referido anteriormente, muitos estudos documentaram a dobragem incorrecta de proteínas adsorvidas em superfícies hidrofóbicas, particularmente no caso da BSA [12, 13]. A razão frequentemente invocada é que, quando o movimento browniano aproxima a proteína da superfície, os resíduos hidrofóbicos enterrados no interior da estrutura terciária da proteína são atraídos para a superfície e, especialmente numa proteína macia como a BSA, as restrições estéricas na cadeia de aminoácidos não são suficientemente fortes para impedir a dobragem incorrecta e estes resíduos entram em contacto com esta superfície hidrofóbica. Mais uma vez, esta interpretação é consistente com as alterações observadas nos espectros FTIR após a adsorção (figura 5.32); ou seja, o aumento das folhas P frequentemente associado à exposição de moléculas hidrofóbicas enterradas [9].
A outra experiência de raspagem, efectuada a baixa carga, que explorou a adesão película/substrato, mostrou que a película de FBP sobre a-C:H tem uma carga de delaminação maior do que a película de BSA (Figura 5.23). É interessante comparar este resultado com as curvas de força da figura 5.20 para o caso da ponta revestida com a-C:H; os valores da força de arrancamento (Fpo) são mais elevados para as películas de FBP do que para a película de BSA. É de notar que a molécula de FBP pode adsorver-se de forma diferente numa película plana de a-C:H e numa ponta de Si revestida com a-C:H de elevado rácio de aspeto, uma vez que se sabe que a curvatura local da superfície afecta a dobragem incorrecta da proteína na adsorção [2]. No entanto, estes dois resultados parecem sugerir que a FBP adere melhor ao a-C:H do que a BSA.
As experiências de varrimento de frequência AFM apresentadas na figura 5.24 deram a densidade das películas de proteínas com base nos valores da espessura da película medidos por medições de raspagem AFM (dBSA =1,6 g/cm^3 e dBPF = 2,5 g/cm^3). O valor medido para BSA é superior a outros valores publicados (1,3-1,5 g/cm^3)[22]. Os valores da densidade do BPF são ainda mais elevados do que os do BSA. De facto, seria de esperar que as películas de FBP formadas por um processo de adsorção "endon" fossem densas; no entanto, esta configuração não é consistente com a medição da espessura aqui relatada. Uma possível razão para a discrepância é o facto de o processo de adsorção na pequena alavanca AFM ser diferente do que acontece em substratos de maiores dimensões, dando uma espessura maior no cantilever (0,05 mm de largura) do que no suporte AFM (1,5 mm de largura). Isto pode acontecer porque os efeitos da tensão superficial, maiores na alavanca pequena, aumentariam a acumulação coloidal da proteína nos bordos e, por conseguinte, tornariam o processo de adsorção mais não homogéneo. Apesar disso, a tendência medida é provavelmente correta; a película de FBP adsorvida é mais densa do que a película de BSA adsorvida. Este facto é consistente com ligações intermoleculares mais fortes na FBP, o que é demonstrado por

- A tendência da FBP para formar fibrilhas.
- Os fragmentos de empilhamento maiores medidos para o BPF na figura 5.22
- O maior contraste de fase (ou seja, a dissipação de energia) observado na imagem TAFM da película de BPF adsorvida.

Por último, as experiências de adsorção de proteínas em superfícies modeladas revelaram um comportamento muito diferente do caso das superfícies não modeladas. No caso do a-C:H puro, a amostra BSA/DI tem um comportamento singular, com maiores alterações no diâmetro das partículas(Δd) e na rugosidade rms(ΔR_q) do que as outras três amostras, como já foi referido. A modelação de a-C:H resulta numa diminuição destes valores para a amostra BSA-DI e num aumento significativo para as outras três películas. Comparando o tamanho da caraterística adsorvida para o caso da BSA-DI em a-C:H sem padrão e o espaçamento do padrão (60-80 nm), pode ser que o padrão restrinja a dispersão da molécula adsorvida. Foram feitas observações semelhantes quando as dimensões dos padrões eram proporcionais ao diâmetro das moléculas de colagénio [23].

Globalmente, o efeito da modelação na adsorção de proteínas pode ser resumido da seguinte forma. A análise FTIR das películas adsorvidas e a análise AFM das alterações Δd eΔR_q indicam que a modelação modifica a conformação das proteínas adsorvidas. No caso do tampão PBS, ambas as proteínas apresentam um aumento das pegadas superficiais aquando da adsorção. Esta poderia ser uma situação preocupante para uma superfície de bioimplante se estas proteínas se dessorvessem e, consequentemente, alterassem a sua função biológica. Para os sistemas de água desionizada, a padronização tem um efeito oposto nas duas proteínas, num caso (BSA) reduzindo a pegada, no outro (BPF), aumentando-a. Este é um resultado mais encorajador do ponto de vista do bio-implante, uma vez que pode proporcionar um grau de controlo sobre a adsorção de proteínas específicas, por exemplo, para reduzir o fibrinogénio em relação à adsorção de albumina.

Finalmente, para concluir este estudo, o sistema BSA PBS foi adsorvido em nanopadrões, tal como apresentado no capítulo 4, ou seja, padrões de linhas FIB e AFM. Para este estudo em particular, os dois padrões tinham a mesma amplitude de altura de pico a pico de 1,6 nm. A Figura 5.33 mostra as imagens de altura TAFM das películas de proteínas adsorvidas nos padrões. O tamanho lateral das caraterísticas adsorvidas é semelhante em ambos os casos. No entanto, após a adsorção de BSA, os valores Rq mudam de 0,75 para 1,41 nm para as linhas AFM e de 0,76 para 1,0 nm para as linhas FIB. Isto corresponde a ΔR_q valores de 0,66 e 0,24 nm para os padrões AFM e FIB, respetivamente. Por conseguinte, de um modo geral, para o padrão AFM, as caraterísticas adsorvidas situam-se nas regiões de colinas, apresentadas como círculos pretos a tracejado na figura. No caso do padrão FIB, a BSA adsorvida tende a "preencher" o padrão. Com base na análise efectuada no capítulo 4, pode ser dada a seguinte interpretação. No caso das linhas AFM, as proteínas com carga negativa podem sofrer repulsão eletrostática nas ranhuras, se o a-C:H estiver carregado devido à fricção da indentação (carga negativa devido à diferença na função de trabalho entre o diamante e o a-C:H). Isto causa um grande valorΔR_q. No caso das linhas FIB, a distribuição mais uniforme da proteína (ou seja, menorΔR_q) é atribuída à atração eletrostática entre o contraste de carga positiva do ião gálio e as moléculas de proteína com carga negativa. Os traços escuros que aparecem nas ranhuras, representados como círculos brancos pontilhados na figura, podem ser causados pelo passo mais pequeno deste padrão (60 nm), o que pode resultar num efeito de exclusão de tamanho em algumas áreas destas ranhuras.

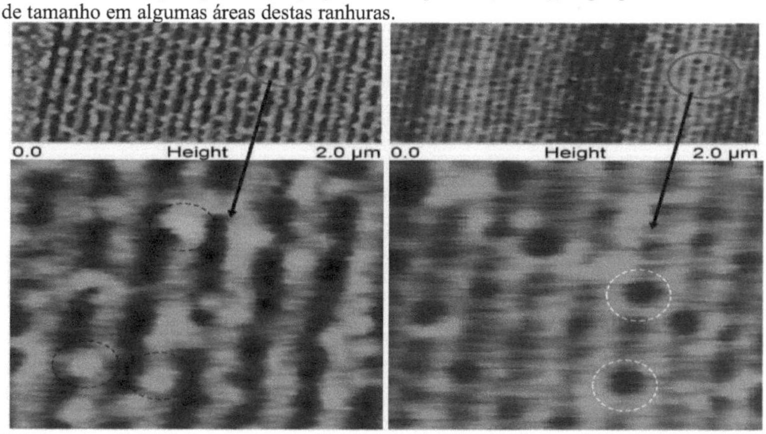

Figura 5.33: Imagens TAFM que mostram a distribuição de BSA-PBS no padrão de linhas AFM (esquerda) e FIB (direita), com tamanhos de varrimento de 2000 (imagens superiores) e 500 nm (imagens inferiores). A escala vertical é de 10 nm em todos os casos.

5.6 Conclusão

Foi estudada a adsorção das proteínas albumina (BSA) e fibrinogénio (BPF) em PBS e água desionizada numa superfície a-C:H padronizada e não padronizada. A análise FTIR e as medições da tensão superficial das soluções proteicas revelam que, em água desionizada, as proteínas alteram a sua estrutura secundária, aparecendo mais componentes de bobinas aleatórias na BSA e mais cadeias laterais/componentes intermoleculares na BPF. A análise FTIR das películas de proteínas adsorvidas também mostra alterações significativas na estrutura secundária, geralmente equivalendo a um aumento significativo do componente de folha P, como observado anteriormente em muitos casos de desnaturação de proteínas, consistente com a natureza hidrofóbica da superfície a-C:H. A análise AFM das películas adsorvidas em a-C:H sem padrão mostra distribuições uniformes em todos os casos, com caraterísticas maiores aparecendo para o sistema BSA DI. A nano-padronização de a-C:H por fresagem FIB modifica o processo de adsorção de proteínas, reduzindo a pegada de proteínas adsorvidas no sistema BSA DI, enquanto a aumenta nos outros três casos. Isto significa que a nanopadronização não é apenas um meio de aumentar a área de superfície específica e, por conseguinte, a quantidade de proteína adsorvida, mas também um método de controlo mais qualitativo do processo de adsorção. Por último, foi investigada a adsorção de BSA em superfícies de a-C:H modeladas em linha, preparadas por dois métodos diferentes, fresagem FIB e indentação AFM. Os dois métodos produziram comportamentos de adsorção diferentes, com a BSA a adsorver-se mais nas ranhuras para as linhas FIB e mais nas colinas para as linhas AFM. luz da análise efectuada no capítulo anterior, estes efeitos são atribuídos à interação eletrostática entre os iões de gálio implantados, no caso dos padrões FIB, e as cargas negativas depositadas induzidas pela fricção, no caso do padrão AFM. Globalmente, o estudo mostrou que a nanopadronização pode ser um método eficaz para controlar a adsorção de proteínas numa superfície modelo como a-C:H.

Referências

Lisboa, P., et al., *Nanopatterned surfaces for bio-detection.* Analytical Letters, 2010. **43**(10-11): p. 1556-1571.

Blawas, A.S. e W.M. Reichert, *Protein patterning.* Biomaterials, 1998. **19**(7-9): p. 595-609.

Vangala, K., et al., *Studying protein and gold nanoparticle interaction using organothiols as molecular probes.* Journal of Physical Chemistry C, 2012. **116**(5): p. 3645-3652.

Fan, Y., et al., *Fabrico de nanocompósitos inspirados no esmalte através da montagem supramolecular de amelogenina.* Biomaterials, 2007. **28**(19): p. 30343042.

Hylton, D.M., S.W. Shalaby, e R.A. Latour Jr, *Correlação direta entre as alterações induzidas pela adsorção na estrutura das proteínas e a adesão das plaquetas.* Journal of Biomedical Materials Research - Parte A, 2005. **73**(3): p. 349-358.

Tanaka, M., et al., *Blood compatible aspects of poly(2-methoxyethylacrylate) (PMEA)-relation between protein adsorption and platelet adhesion on PMEA surface.* Biomaterials, 2000. **21**(14): p. 1471-1481.

Grunkemeier, J.M., et al., *Adesão de plaquetas e atividade pró-coagulante induzida pelo contacto com polímeros de descarga incandescente por radiofrequência: Papéis do fibrinogénio adsorvido e do vWF.* Journal of biomedical materials research, 2000. **51**(4): p. 669-679.

Grunkemeier, J.M., et al., *The effect of adsorbed fibrinogen, fibronectin, von Willebrand fator and vitronectin on the procoagulant state of adherent platelets.* Biomaterials, 2000. **21**(22): p. 2243-2252.

Sivaraman, B. e R.A. Latour, *The relationship between platelet adhesion on surfaces and the structure versus the amount of adsorbed fibrinogen.* Biomaterials, 2010. **31**(5): p. 832-839.

Senaratne, W., L. Andruzzi, e C.K. Ober, *Self-assembled monolayers and polymer brushes in biotechnology: Aplicações actuais e perspectivas futuras.* Biomacromolecules, 2005. **6**(5): p. 2427-2448.

Raynor, J.E., et al., *Polymer brushes and self-assembled monolayers: Plataformas versáteis para controlar a adesão de células a biomateriais (Revisão).* Biointerphases, 2009. **4**(2).

Matsumoto, E., T. Fukuda e Y. Miura, *Superfície bioinerte para adsorção de proteínas com maior geração de SAMs de dendrímero.* Colóides e superfícies B: Biointerfaces, 2011. **84**(1): p. 280-284.

Han, I., et al., *Selective fibronectin adsorption against albumin and enhanced stem cell attachment on helium atmospheric pressure glow discharge treated titanium.* Journal of Applied Physics, 2011. **109**(12): p. 124701-6.

Wu, J., Z. Mao e C. Gao, *Controlo dos comportamentos de migração das células musculares lisas vasculares através de escovas de metoxi poli(etilenoglicol) com diferentes pesos moleculares e densidades.* Biomaterials, 2012. **33**(3): p. 810-820.

Dong, B., et al., *Capacidade anti-incrustante do polietilenoglicol de diferentes pesos moleculares enxertado em superfícies de poliéster por plasma frio.* Polymer Bulletin, 2011. **66**(4): p. 517-528.

Popat, K.C., et al., *Surface modification of nanoporous aluminia surfaces with poly(ethylene glycol).* Langmuir, 2004. **20**: p. 805-8041.

Dalby, M., et al., *Rapid fibroblast adhesion to 27nm high polymer demixed nano-topography.* Biomaterials, 2004. **25**(1): p. 77-83.

Wojciak-Stothard, B., et al., *Ativação de células semelhantes a macrófagos por substratos com múltiplas ranhuras. Controlo topográfico do comportamento celular.* Cell Biology International, 1995. **19**(6): p. 485-490.

Curtis, A. e C. Wilkinson, *Topographical control of cells (Controlo topográfico das células).* Biomaterials, 1997. **18**(24): p. 1573-1583.

Rosenberg, M.D., *Cell guidance by alterations in monomolecular films.* Science, 1963. **139**(3553): p. 411-412.

Meredith, D., et al., *Is surface chemical composition important for orthopaedic implant materials?* Jornal de Ciência dos Materiais: Materiais em Medicina, 2007. **18**(2): p. 405-413.

Curtis, A. e C. Wilkinson, *Nantotechniques and approaches in biotechnology.* Tendências em Biotecnologia, 2001. **19**(3): p. 97-101.

Rechendorff, K., et al., *Enhancement of protein adsorption induced by surface roughness.*

Langmuir, 2006. **22**(26): p. 10885-10888.
Dalby, M.J., et al., *Aumentar a resposta dos fibroblastos aos materiais utilizando a nanotopografia: Medições morfológicas e genéticas da resposta celular a ilhas desmisturadas de polímero com 13 nm de altura.* Experimental Cell Research, 2002. **276**(1): p. 1-9.
Lord, M.S., et al., *The effect of silica nanoparticulate coatings on serum protein adsorption and cellular response (O efeito dos revestimentos de nanopartículas de sílica na adsorção de proteínas séricas e na resposta celular).* Biomaterials, 2006. **27**(28): p. 48564862.
Cai, K., J. Bossert, e K.D. Jandt, *Does the nanometre scale topography of titanium influence protein adsorption and cell proliferation?* Colloids and surfaces B: Biointerfaces, 2006. **49**(2): p. 136-144.
Richert, L., et al., *Adsorção de proteínas em superfícies nanoporosas de Ti.* Surface Science, 2010. **604**(17): p. 1445-1451.
Blanco, E.M., M.A. Horton e P. Mesquida, *Investigação Simultânea da Influência da Topografia e da Carga na Adsorção de Proteínas Utilizando Nanopadrões Artificiais.* Langmuir, 2008. **24**(6): p. 2284-2287.
Wybourne, M., et al., *Creation of biomolecule arrays by electrostatic immobilization on electron-beam-irradiated polystyrene thin films.* Nanotechnology, 1999. **7**(3): p. 302.
Brevig, T., et al., *The recognition of adsorbed and denatured proteins of different topographies by< i> P</i>< sub> 2</sub> integrins and effects on leukocyte adhesion and activation.* Biomaterials, 2005. **26**(16): p. 3039-3053.
Galli, C., et al., *Criação de nanoestruturas para estudar a dependência topográfica da adsorção de proteínas.* Colloids and surfaces B: Biointerfaces, 2002. **26**(3): p. 255-267.
Casillas, N., et al., *Correlation of electron-transfer rates with the surface density of states of native and anodically grown oxide films on titanium.* The Journal of Physical Chemistry, 1991. **95**(18): p. 7002-7007.
Wikipédia. *Serum Albumin.* 2012 28 may 2012 [cited 2012 28 august]; Disponível em: http://en.wikipedia.org/wiki/Serum albumin.
G, A. *Protein Stucture and Function.* 2010 [cited 2012 28 august]; Disponível em:http://grangebiology.forumotion.com/t50-protem-stucture-and-function.
Tunc, S., et al., *In situ conformational analysis of fibrinogen adsorbed on Si surfaces.* Colloids and surfaces B: Biointerfaces, 2005. **42**(3-4): p. 219-225.
Chen, M.C. e R.C. Lord, *Laser-excited Raman spectroscopy of biomolecules. VIII. Estudo conformacional da albumina de soro bovino.* Journal of the American Chemical Society, 1976. **98**(4): p. 990-992.
Toscano, A. e M.M. Santore, *Fibrinogen adsorption on three silica-based surfaces: conformation and kinetics.* Langmuir, 2006. **22**(6): p. 2588-2597.
Shouren, G., et al., *Adsorção de albumina de soro bovino numa superfície imobilizada de organotriclorosilano: Influência da separação de fases nos padrões de adsorção de proteínas.* Journal of Biomaterials Science, Polymer Edition, 1998. **9**(2): p. 131-150.
Tsapikouni, T., S. Allen, e Y. Missirlisa, *Medição das forças de interação entre sondas revestidas de fibrinogénio e a superfície de mica com o microscópio de força atómica: O efeito do pH e da força iónica.* Biointerphases, 2008. **3**(1): p. 18.
Clark, J. *THE STRUCTURE OF PROTEINS.* 2004 outubro 2012 [citado 2013 5 de março, 2013]; Disponível em: http://www.chemguide.co.uk/organicprops/aminoacids/proteinstruct.html.
Harding, J.J. e K.J. Dilley, *Structural proteins of the mammalian lens: a review with emphasis on changes in development, aging and cataract.* Experimental eye research, 1976. **22**(1): p. 1.
PIERSCIONEK, B.K., *Refractive index contours in the human lens.* Experimental eye research, 1997. **64**(6): p. 887-893.
Hadden, J.M., D. Chapman, e D.C. Lee, *A comparison of infrared spectra of proteins in solution and crystalline forms.* Biochimica et Biophysica Ata (BBA)-Protein Structure and Molecular Enzymology, 1995. **1248**(2): p. 115122.
Fernández, C. e K. Wüthrich, *NMR solution structure determination of membrane proteins reconstituted in detergent micelles.* FEBS letters, 2003. **555**(1): p. 144-150.
Dunker, A.K., et al., *Intrinsic disorder and protein function.* BIOCHEMISTRY-PENNSYLVANIA THEN WASHINGTON-, 2002. **41**(21): p. 6573-6582.
Vallieres, K., et al., *AFM imaging of immobilizedfibronectin: does the surface conjugation*

scheme affect the protein orientation/conformation? Langmuir, 2007. **23**(19): p. 9745-9751.
Dupont-Gillain, C.C. e P. Rouxhet, *AFM study of the interaction of collagen with polystyrene and plasma-oxidized polystyrene.* Langmuir, 2001. **17**(23): p. 7261-7266.
Hallett, P., G. Offer e M. Miles, *Atomic force microscopy of the myosin molecule (Microscopia de força atómica da molécula de miosina).* Biophysical Journal, 1995. **68**(4): p. 1604.
Roach, P., et al., *Modern biomaterials: a review-bulk properties and implications of surface modifications.* Jornal de Ciência dos Materiais: Materiais em Medicina, 2007. **18**(7): p. 1263-1277.
Horbett, T.A. e J.L. Brash, *Proteins at interfaces II1995*: ACS Publications.
Horbett, T.A., *Principles underlying the role of adsorbed plasma proteins in blood interactions with foreign materials (Princípios subjacentes ao papel das proteínas plasmáticas adsorvidas nas interações do sangue com materiais estranhos).* Cardiovascular Pathology, 1993. **2**(3): p. 137-148.
Ratner, B.D., *Biomaterials science: an introduction to materials in medicine2004*: Imprensa académica.
Jung, S.Y., et al., *The Vroman effect: a molecular level description of fibrinogen displacement (O efeito Vroman: uma descrição a nível molecular da deslocação do fibrinogénio).* Journal of the American Chemical Society, 2003. **125**(42): p. 12782-12786.
Derand, H., Malmsten, M, *Protein Interfacial Behavior in Microfabricated Analysis Systems and Microarrays*, in *Biopolymers at interfaces: edited by Martin Malmsten1998*, Marcel Dekker: New York. p. 393.
Nadarajah, A., C. Lu, e K. Chittur. *Modelação da dinâmica da adsorção de proteínas a superfícies.* 1995. Publicações ACS.
Pace, C.N., et al., *Contribution of Hydrophobic Interactions to Protein Stability (Contribuição das interações hidrofóbicas para a estabilidade das proteínas).* Jornal de Biologia Molecular, 2011. **408**(3): p. 514-528.
Matthews, B.W., *Hydrophobic interactions in proteins.* eLS, 2001.
Ekblad, T. e B. Liedberg, *Protein adsorption and surface patterning.* Current Opinion in Colloid & Interface Science, 2010. **15**(6): p. 499-509.
Wisniewski, N. e M. Reichert, *Methods for reducing biosensor membrane biofouling.* Colloids and surfaces B: Biointerfaces, 2000. **18**(3-4): p. 197-219.
Andrade, J.D., et al., *Proteínas em interfaces: Princípios, aspectos multivariados, superfícies resistentes a proteínas e imagiologia direta e manipulação de proteínas adsorvidas.* Clinical Materials, 1992. **11**(1-4): p. 67-84.
Roach, P., D. Farrar, e C.C. Perry, *Interpretação da adsorção de proteínas: Mudanças conformacionais induzidas pela superfície.* Journal of the American Chemical Society, 2005. **127**(22): p. 8168-8173.
Delamarche, E., et al., *Patterned Delivery of Immunoglobulins to Surfaces Using Microfluidic Networks.* Science, 1997. **276**(5313): p. 779-781.
Roth, E.A., et al., *Inkjet printing for high-throughput cell patterning.* Biomaterials, 2004. **25**(17): p. 3707-3715.
Bernard, A., et al., *Microcontact Printing of Proteins.* Materiais Avançados, 2000. **12**(14): p. 1067-1070.
Singhvi, R., et al., *Engineering cell shape and function.* Science, 1994. **264**(5159): p. 696-698.
Clémence, J.F., et al., *Photoimmobilization of a bioactive laminin fragment and pattern-guided selective neuronal cell attachment.* Bioconjugate Chemistry, 1995. **6**(4): p. 411-417.
Wadu-Mesthrige, K., et al., *Fabrication and imaging of nanometer-sized protein patterns.* Langmuir, 1999. **15**(25): p. 8580-8583.
Lee, K.B., et al., *Protein nanoarrays generated by dip-pen nanotithography.* Science, 2002. **295**(5560): p. 1702-1705.
Zheng, Z., et al., *Multiplexed protein arrays enabled by polymer pen lithography: Addressing the inking challenge.* Angewandte Chemie - International Edition, 2009. **48**(41): p. 7626-7629.
Haddon, R.C. e A.A. Lamola, *The molecular electronic device and the biochip computer: present status.* Actas da Academia Nacional de Ciências dos Estados Unidos da América, 1985. **82**(7): p. 1874-1878.
Cretich, M., et al., *Protein and peptide arrays: Tendências recentes e novas direcções.* Engenharia Biomolecular, 2006. **23**(2-3): p. 77-88.

Klenkar, G. e B. Liedberg, *A microarray chip for label-free detection of narcotics.* Analytical and Bioanalytical Chemistry, 2008. **391**(5): p. 16791688.
Borrebaeck, C.A.K. e C. Wingren, *Design of high-density antibody microarrays for disease proteomics: Key technological issues.* Journal of Proteomics, 2009. **72**(6): p. 928-935.
Von Recum, A. e T. Van Kooten, *The influence of micro-topography on cellular response and the implications for silicone implants (A influência da microtopografia na resposta celular e as implicações para os implantes de silicone).* Journal of Biomaterials Science, Polymer Edition, 1996. **7**(2): p. 181-198.
Schmidt, J.A. e A.F. von Recum, *Macrophage response to microtextured silicone.* Biomaterials, 1992. **13**(15): p. 1059-1069.
Wan, Y., et al., *Adhesion and proliferation of OCT-1 osteoblast-like cells on micro-and nano-scale topography structured poly (L-lactide).* Biomaterials, 2005. **26**(21): p. 4453-4459.
Chaubey, A., et al., *Surface patterning: Ferramenta para modular a diferenciação de células estaminais num sistema adiposo.* Journal of Biomedical Materials Research Part B: Applied Biomaterials, 2008. **84**(1): p. 70-78.
Falconnet, D., et al., *Surface engineering approaches to micropattern surfaces for cell-based assays.* Biomaterials, 2006. **27**(16): p. 3044-3063.
Ogaki, R., M. Alexander, e P. Kingshott, *Chemical patterning in biointerface science.* Materials Today, 2010. **13**(4): p. 22-35.
Finlay, J.A., et al., *Assentamento de zoósporos de Ulva em superfícies de monocamadas fluoradas e PEGiladas padronizadas.* Langmuir, 2008. **24**(2): p. 503-510.
Krishnan, S., et al., *Anti-biofouling properties of comblike block copolymers with amphiphilic side chains.* Langmuir, 2006. **22**(11): p. 5075-5086.
Martinelli, E., et al., *Nanostructured films of amphiphilic fluorinated block copolymers for fouling release application.* Langmuir, 2008. **24**(22): p. 1313813147.
Gan, D., A. Mueller e K.L. Wooley, *Amphiphilic and Hydrophobic Surface Patterns Generated from Hyperbranched Fluoropolymer/Linear Polymer Networks: Minimally Adhesive Coatings via the Crosslinking of Hyperbranched Fluoropolymers.* Journal of Polymer Science, Part A: Polymer Chemistry, 2003. **41**(22): p. 3531-3540.
Lee, S.B., et al., *A histological evaluation of novel cyanoacrylate-based />-TCP composite in rat calvarial defects*, 2006. p. 1133-1136.
Galli, C., et al., *Criação de nanoestruturas para estudar a dependência topográfica da adsorção de proteínas.* Colloids and surfaces B: Biointerfaces, 2002. **26**(3): p. 255-267.
Kidoaki, S. e T. Matsuda, *Forças de adesão das proteínas do plasma sanguíneo em superfícies de monocamadas auto-montadas de alcanotiolatos com diferentes grupos funcionais medidas por um microscópio de força atómica.* Langmuir, 1999. **15**(22): p. 7639-7646.
Han, M., et al., *Nanometer-Scale Roughness Having Little Effect on the Amount or Structure of Adsorbed Protein.* Langmuir, 2003. **19**(23): p. 98689872.
Cai, K., J. Bossert, e K.D. Jandt, *Does the nanometre scale topography of titanium influence protein adsorption and cell proliferation?* Colloids and surfaces B: Biointerfaces, 2006. **49**(2): p. 136-144.
Rechendorff, K., et al., *Enhancement of Protein Adsorption Induced by Surface Roughness.* Langmuir, 2006. **22**(26): p. 10885-10888.
Riedel, M., B. Müller, e E. Wintermantel, *Adsorção de proteínas e ativação de monócitos em nanopirâmides de germânio.* Biomaterials, 2001. **22**(16): p. 23072316.
Bhushan, B., et al., *Morphology and adhesion of biomolecules on silicon based surfaces.* Ata Biomaterialia, 2005. **1**(3): p. 327-341.
Andersson, A.S., et al., *Influence of systematically varied nanoscale topography on the morphology of epithelial cells.* NanoBioscience, IEEE Transactions on, 2003. **2**(2): p. 49-57.
Miller, D.C., et al., *Enhanced functions of vascular and bladder cells on poly- lactic-co-glycolic acid polymers with nanostructured surfaces.* IEEE Trans Nanobioscience, 2002. **1**(2): p. 61-6.
Keller, T.F., et al., *How the Surface Nanostructure of Polyethylene Affects Protein Assembly and Orientation [Como a nanoestrutura da superfície do polietileno afecta a montagem e a orientação das proteínas].* ACS Nano, 2011. **5**(4): p. 3120-3131.
Denis, F.A., et al., *Protein Adsorption on Model Surfaces with Controlled Nanotopography and Chemistry.* Langmuir, 2002. **18**(3): p. 819-828.
Denis, F.A., et al., *Alignment and Assembly of Adsorbed Collagen Molecules Induced by*

Anisotropic Chemical Nanopatterns. Small, 2005. **1**(10): p. 984991.
Galli, C., et al., *Adsorção de proteínas em titânio nanoestruturado topograficamente.* Surface Science, 2001. **474**(1-3): p. L180-L184.
Lundqvist, M., I. Sethson, e B.-H. Jonsson, *Protein Adsorption onto Silica Nanoparticles: As alterações conformacionais dependem da curvatura das partículas e da estabilidade da proteína.* Langmuir, 2004. **20**(24): p. 10639-10647.
Roach, P., D. Farrar, e C.C. Perry, *Surface Tailoring for Controlled Protein Adsorption: Effect of Topography at the Nanometer Scale and Chemistry (Efeito da topografia à escala nanométrica e química).* Journal of the American Chemical Society, 2006. **128**(12): p. 3939-3945.
Kondo, A., et al., *Estudos cinéticos e de dicroísmo circular de enzimas adsorvidas em partículas de sílica ultrafinas.* Applied Microbiology and Biotechnology, 1993. **39**(6): p. 726-731.
Blanco, E.M., M.A. Horton e P. Mesquida, *Investigação Simultânea da Influência da Topografia e da Carga na Adsorção de Proteínas Utilizando Nanopadrões Artificiais.* Langmuir, 2008. **24**(6): p. 2284-2287.
Fedosenko, G., et al., *Pulsed PECVD deposition of diamond-like carbon films.* Diamond and Related Materials, 2002. **11**(3): p. 1047-1052.
Polo, M., et al., *Preparation of tetrahedral amorphous carbon films by filtered cathodic vacuum arc deposition.* Diamond and Related Materials, 2000. **9**(3): p. 663-667.
Sanchez, N., et al., *Characterization of diamond-like carbon (DLC) thin films prepared by rf magnetron sputtering.* Thin Solid Films, 2000. **373**(1): p. 247250.
Robertson, J., *Electronic and atomic structure of diamond-like carbon.* Semiconductor science and technology, 2003. **18**: p. S12.
Lousinian, S., S. Kassavetis, e S. Logothetidis, *Surface and temperature effect on fibrinogen adsorption to amorphous hydrogenated carbon thin films.* Diamond and Related Materials, 2007. **16**(10): p. 1868-1874.
Lousinian, S. e S. Logothetidis, *Optical properties of proteins and protein adsorption study (Propriedades ópticas das proteínas e estudo da adsorção de proteínas).* Engenharia Microeletrónica, 2007. **84**(3): p. 479-485.
Choi, H.W., et al., *Characteristic of silver doped DLC films on surface properties and protein adsorption [Caraterísticas das películas de DLC dopadas com prata nas propriedades da superfície e na adsorção de proteínas].* Diamond and Related Materials, 2008. **17**(3): p. 252-257.
Schulz, H., et al., *Ultra hydrophobic wetting behaviour of amorphous carbon films.* Surface and Coatings Technology, 2005. **200**(1-4 SPEC. ISS.): p. 11231126.
Chen, J.S., et al., *Metal-containing amorphous carbon films for hydrophobic application.* Thin Solid Films, 2001. **398-399**: p. 110-115.
Yadav, P.K., et al., *Adsorption of bovine serum albumin on amorphous carbon surfaces studied with dip pen nanolithography.* Applied surface science, 2011. **258**(1): p. 361-369.
Lousinian, S., N. Kalfagiannis, e S. Logothetidis, *Albumin and fibrinogen adsorption on boron nitride and carbon-based thin films.* Ciência e Engenharia de Materiais: B, 2008. **152**(1-3): p. 12-15.
Lubarsky, G.V., M.R. Davidson e R.H. Bradley, *Hydration-dehydration of adsorbed protein films studied by AFM and QCM-D.* Biosensores e Bioelectrónica, 2007. **22**(7): p. 1275-1281.
Lemoine, P., et al., *Propriedades mecânicas intrínsecas de camadas ultra-finas de carbono amorfo.* Applied surface science, 2007. **253**(14): p. 6165-6175.
Jacob, W., *Surface reactions during growth and erosion of hydrocarbon films.* Thin Solid Films, 1998. **326**(1): p. 1-42.
Lemoine, P., et al., *Naniondentation and scratch resistance testing on magnetic tape heads coated with ultra-thin amorphous carbon layers.* Wear, 2000. **244**(1): p. 79-84.
Lemoine, P., et al., *Comparing hardness and wear data for tetrahedral amorphous carbon and hydrogenated amorphous carbon thin films.* Wear, 2004. **257**(5): p. 509-522.
Zhao, J., et al., *A study of microstructure and nanomechanical properties of silicon incorporated DLC films deposited on silicon substrates.* Diamond and Related Materials, 2001. **10**(3): p. 1070-1075.
D'Costa, N.P. e J.H. Hoh, *Calibration of optical lever sensitivity for atomic force microscopy.*

Revisão de instrumentos científicos, 1995. **66**(10): p. 50965097.
Moheimani, S.O.R., *Nanoposicionamento preciso e rápido com scanners de tubos piezoeléctricos: Tendências emergentes e desafios futuros*. Revisão de instrumentos científicos, 2008. **79**(7).
AXS, B. *Microscopia de Varrimento por Sonda*. 2012 [citado 2012 24/07]; Disponível em: http://www.bruker-axs.com/posters afm.html.
Sarid, D., *Scanning force microscopy: with applications to electric, magnetic, and atomic forces*. Vol. 5. 1994: Oxford University Press, EUA.
Israelachvlili, J.N., *Intermolecular and Surface Forces1985*: Academic Press, Londres.
Pethica, J.B. e W.C. Oliver, Phys. Scr., 1987. **1987**: p. 61.
Wilson, R.A. *Introdução à Microscopia de Sonda de Varrimento (SPM)*. 2006 [citado 2012 24/07]; Disponível em: http://asdlib.org/onlineArticles/ecourseware/Bullen/SPMModule BasicTheor yAFM.pdf.
Giessibl, F.J., *AFM's path to atomic resolution (O caminho da AFM para a resolução atómica)*. Materials Today, 2005. **8**(5): p. 32-41.
Villarrubia, J.S., *Algorithms for scanned probe microscope image simulation, surface reconstruction, and tip estimation*. Journal of Research of the National Institute of Standards and Technology, 1997. **102**(4): p. 425-454.
Nie, H.Y., et al., *Atomic force microscopy study of polypropylene surfaces treated by UV and ozone exposure: modification of morphology and adhesion force*. Applied surface science, 1999. **144**: p. 627-632.
Chen, X., et al., *Otimização da imagem de fase através de curvas de força dinâmicas*. Surface Science, 2000. **460**(1-3): p. 292-300.
Garcia, R. e R. Pérez, *Métodos dinâmicos de microscopia de força atómica*. Superfície Relatórios científicos, 2002. **47**(6-8): p. 197-301.
Sader, J.E., *Frequency response of cantilever beams immersed in viscous fluids with applications to the atomic force microscope (Resposta em frequência de vigas cantilever imersas em fluidos viscosos com aplicações ao microscópio de força atómica)*. Journal of Applied Physics, 1998. **84**(1): p. 64-76.
Sader, J.E., J.W.M. Chon, e P. Mulvaney, *Calibration of retangular atomic force microscope cantilevers*. Revisão de instrumentos científicos, 1999. **70**(10): p. 3967-3969.
Bhushan, B., J.N. Israelachvili, e U. Landman, *Nanotribology: friction, wear and lubrication at the atomic scale*. Nature, 1995. **374**(6523): p. 607616.
Zhang, H.S., J.L. Endrino, e A. Anders, *Caraterísticas comparativas da superfície e nano-tribológicas de películas finas de carbono tipo diamante nanocompósito dopadas com prata*. Applied surface science, 2008. **255**(5): p. 2551-2556.
Wienss, A., et al., *Scratching resistance of diamond-like carbon coatings in no regime subnanométrico*. Applied physics letters, 1999. **75**: p. 1077.
Huang, L., et al., *Nano-scratch andfretting wear study ofDLC coatings for biomedical application*. Diamond and Related Materials, 2001. **10**(8): p. 1448-1456.
Markiewicz, P. e M.C. Goh, *Simulation of atomic force microscope tip- sample/sample-tip reconstruction*. Journal of Vacuum Science & Technology B: Microeletrónica e Estruturas Nanométricas, 1995. **13**(3): p. 1115-1118.
Markiewicz, P. e M.C. Goh, *Atomic force microscope tip deconvolution using calibration arrays*. Revisão de instrumentos científicos, 1995. **66**(5): p. 3186-3190.
weizmann. *O que pode ser usado para visualizar a ponta?* 1999 03-02-1999 [citado 2012 24 julho]; Disponível em: http://www.weizmann.ac.il/Chemical Research Support/surflab/peter/standa rd/index.html.
Dongmo, L., et al., *Experimental test of blind tip reconstruction for scanning probe microscopy*. Ultramicroscopia, 2000. **85**(3): p. 141-153.
kopeliovich, d. *Microscópio Eletrónico de Varrimento*. 2012 [citado 2013 5 março]; Disponível em: http://www.substech.com/dokuwiki/doku.php?id=scanning microscópio eletrónico.
Gamo, K., *Nanofabricação por FIB*. Engenharia Microeletrónica, 1996. **32**(1): p. 159-171.
Reyntjens, S. e R. Puers, *A review ofocused ion beam applications in microsystem technology*. Journal of Micromechanics and Microengineering, 2001. **11**: p. 287.
Giannuzzi, L.A. e F.A. Stevie, *A review ofocused ion beam milling techniques for TEM*

specimen preparation. Micron, 1999. **30**(3): p. 197-204.
Tseng, A.A., *Recent developments in nanofabrication using focused ion beams.* Small, 2005. **1**(10): p. 924-939.
Giannuzzi, L.A. e F.A. Stevie, *Introduction to focused ion beams: instrumentation, theory, techniques, and practice2005*: Springer Verlag.
Han, J., et al., *Prediction of nanopattern topography using two-dimensional focused ion beam milling with beam irradiation intervals.* Engenharia Microeletrónica, 2010. **87**(1): p. 1-9.
Espectroscopia de infravermelhos com transformada de Fourier. 2012 [cited 2012 9th August]; Disponível em:
http://en.wikipedia.org/wiki/Fourier transformar a espetroscopia de infravermelhos.
Kong, J. e S. Yu, *Fourier Transform Infrared Spectroscopic Analysis of Protein Secondary Structures (Análise Espectroscópica de Infravermelhos com Transformada de Fourier de Estruturas Secundárias de Proteínas).* Ata Biochimica et Biophysica Sinica, 2007. **39**(8): p. 549-559.
Arrondo, J.L.R. e F.M. Goni, *Structure and dynamics of membrane proteins as studied by infrared spectroscopy.* Progress in Biophysics and Molecular Biology, 1999. **72**(4): p. 367-405.
Schwinte, P., et al., *Secondary Structure of Proteins Adsorbed onto or Embedded in Polyelectrolyte Multilayers.* Biomacromolecules, 2002. **3**(6): p. 1135-1143.
Schwinte, P., et al., *Stabilizing Effects of Various Polyelectrolyte Multilayer Films on the Structure of Adsorbed/Embedded Fibrinogen Molecules: An ATR-FTIR Studyf.* The Journal of Physical Chemistry B, 2001. **105**(47): p. 11906-11916.
Giacomelli, C.E., M.G.E.G. Bremer, e W. Norde, *ATR-FTIR Study of IgG Adsorbed on Different Silica Surfaces.* Journal of Colloid and Interface Science, 1999. **220**(1): p. 13-23.
Singh, B.R., *Infrared analysis of peptides and proteins2000*: ACS Publicações.
Dong, A., P. Huang, e W.S. Caughey, *Protein secondary structures in water from second-derivative amide I infrared spectra.* Biochemistry, 1990. **29**(13): p. 3303-3308.
Buijs, J., W. Norde, e J.W.T. Lichtenbelt, *Changes in the Secondary Structure of Adsorbed IgG and F(ab')2 Studied by FTIR Spectroscopy.* Langmuir, 1996. **12**(6): p. 1605-1613.
Filik, J., *Raman spectroscopy: a simple, non-destructive way to characterise diamond and diamond-like materials.* Spectroscopy Europe, 2005. **17**(5): p. 10.
Ferrari, A.C., *Determination of bonding in diamond-like carbon by Raman spectroscopy.* Diamond and Related Materials, 2002. **11**(3): p. 1053-1061.
Informações sobre o ângulo de contacto. 2012 [citado 2012 9 de agosto]; Disponível em: http://www.ramehart.com/contactangle.htm.
Wilhelm, H., et al., *Raman spectroscopic studies on well-defined carbonaceous materials of strong two-dimensional character.* Journal of Applied Physics, 1998. **84**(12): p. 6552-6558.
Rankl, M., S. Laib, e S. Seeger, *Surface tension properties of surfacecoatings for application in biodiagnostics determined by contact angle measurements.* Colloids and surfaces B: Biointerfaces, 2003. **30**(3): p. 177186.
Good, R.J., *Contact angle, wetting, and adhesion: a critical review.* Journal of adhesion science and technology, 1992. **6**(12): p. 1269-1302.
Navratil, Z., et al., *On the analysis of surface free energy of DLC coatings deposited in low pressure RF discharge.* Jornal de Física da Checoslováquia, 2004. **54**: p. 877-882.
Ahmed, M., et al., *Vibrational and AFM studies of adsorption of glycine on DLC and silicon-doped DLC.* Jornal de Ciência dos Materiais, 2012. **47**(4): p. 1729-1736.
Robertson, J., *Diamond-like amorphous carbon.* Ciência e Engenharia dos Materiais: R: Relatórios, 2002. **37**(4): p. 129-281.
Fang, F.Z., et al., *Nano-fotomask fabrication using focused ion beam direct writing.* Anais do CIRP - Tecnologia de fabrico, 2010. **59**(1): p. 543-546.
Korotaev, A.D. e A.N. Tyumentsev, *Amorphization of metals by ion implantation and ion mixing methods.* Russian Physics Journal, 1994. **37**(8): p. 703-724.
Stanishevsky, A. e L. Khriachtchev, *Modification of hydrogen-free amorphous carbon films by focused-ion-beam milling.* Journal of Applied Physics, 1999. **86**(12): p. 7052-7058.
Roediger, P., et al., *Focused-ion-beam-inflicted surface amorphization and gallium implantation-new insights and removal by focused-electron-beam- induced etching.* Nanotecnologia, 2011. **22**(23): p. 235302.

Lemoine, P., et al., *Comparing hardness and wear data for tetrahedral amorphous carbon and hydrogenated amorphous carbon thin films.* Wear, 2004. **257**(5): p. 509-522.
Lemoine, P., et al., *Propriedades mecânicas intrínsecas de camadas ultra-finas de carbono amorfo.* Applied surface science, 2007. **253**(14): p. 6165-6175.
Kubena, R.L. e J.W. Ward, *Perfis de densidade de corrente para uma microssonda de iões Ga[sup +] e suas implicações litográficas.* Applied physics letters, 1987. **51**(23): p. 1960-1962.
Arimoto, H., *Novel Method for Measuring Intensity Distribution of Focused Ion Beams (Novo método para medir a distribuição da intensidade de feixes de iões focalizados).* Jornal Japonês de Física Aplicada, 1983. **22**: p. 2.
Assayag, G.B., et al. *Novo método de caraterização do perfil de densidade de corrente de iões baseado na distribuição de danos da implantação de feixes de iões focalizados de Ga[sup +] em GaAs.* 1993. San Diego, Califórnia (EUA): AVS.
Komuro, M., et al., *Medição do cruzamento virtual na fonte de iões de gálio líquido.* Applied physics letters, 1983. **42**(10): p. 908-910.
Lugstein, A., et al., *Current density profile extraction offocused ion beams based on atomic force microscopy contour profiling of nanodots.* Journal of Applied Physics, 2002. **92**(7): p. 4037-4042.
WONG, K.C., *Focused Ion Beam Nanomachining of Thermoplastic Polymers* 2012, North Carolina State University p. 177.
Rubanov, S. e P.R. Munroe, *Investigation of the structure of damage layers in TEM samples prepared using a focused ion beam.* Journal of Materials Science Letters, 2001. **20**(13): p. 1181-1183.
Wang, Z., et al., *Surface damage induced by focused-ion-beam milling in a Si/Si p-n junction cross-sectional specimen.* Applied surface science, 2005. **241**(1-2 SPEC. ISS.): p. 80-86.
Kiener, D., et al., *FIB damage of Cu and possible consequences for miniaturized mechanical tests.* Ciência e Engenharia de Materiais: A, 2007. **459**(1-2): p. 262-272.
Hamada, M., T. Teraji, e T. Ito, *Field-induced effects of implanted Ga on high electric field diamond devices fabricated by focused ion beam.* Applied surface science, 2003. **216**(1): p. 65-71.
Stanishevsky, A., *Patterning of diamond and amorphous carbon films using focused ion beams.* Thin Solid Films, 2001. **398**: p. 560-565.
McCaffrey, J.P., M.W. Phaneuf, and L.D. Madsen, *Surface damage formation during ion-beam thinning of samples for transmission electron microscopy.* Ultramicroscopy, 2001. **87**(3): p. 97-104.
Rubanov, S. e P.R. Munroe, *O efeito das películas de ouro revestidas por pulverização catódica na minimização de danos em espécimes TEM produzidos por FIB.* Materials Letters, 2003. **57**(15): p. 2238-2241.
Hutchinson, C.R., R.E. Hackenberg, e G.J. Shiflet, *A comparison of EDS microanalysis in FIB-prepared and electropolished TEM thin foils.* Ultramicroscopy, 2003. **94**(1): p. 37-48.
Marien, J., et al., *Quantitative electron spectroscopic imaging studies of microelectronic metallization layers.* Journal of Microscopy, 1999. **194**(1): p. 71-78.
Ziegler, J.F., *SRIM-2003.* Instrumentos e Métodos Nucleares na Investigação Física Secção B: Interações de Feixes com Materiais e Átomos, 2004. **219220**(0): p. 1027-1036.
Blanco, E.M., M.A. Horton, e P. Mesquida, *Investigação simultânea da influência da topografia e da carga na adsorção de proteínas utilizando nanopadrões artificiais.* Langmuir, 2008. **24**(6): p. 2284-2287.
Gonzalez-Garcia, C., et al., *Effect of nanoscale topography on fibronectin adsorption, focal adhesion size and matrix organization.* Colóides e superfícies B: Biointerfaces, 2010. **77**(2): p. 181-190.
Richert, L., et al., *Adsorption ofproteins on nanoporous Ti surfaces.* Surface Science, 2010. **604**(17): p. 1445-1451.
Cai, K., J. Bossert, e K.D. Jandt, *Does the nanometre scale topography of titanium influence protein adsorption and cell proliferation?* Colloids and surfaces B: Biointerfaces, 2006. **49**(2): p. 136-144.
Lord, M.S., M. Foss e F. Besenbacher, *Influence of nanoscale surface topography on protein adsorption and cellular response [Influência da topografia de superfície à escala nanométrica na adsorção de proteínas e na resposta celular].* Nano Today, 2010. **5**(1): p. 66-78.

Shouren, G., et al., *Adsorção de albumina de soro bovino numa superfície imobilizada de organotriclorosilano: Influência da separação de fases nos padrões de adsorção de proteínas.* Journal of Biomaterials Science, Polymer Edition, 1998. **9**(2): p. 131-150.

Peters Jr, T., *Serum Albumin*, em *Advances in Protein Chemistry*, J.T.E. C.B. Anfinsen e M.R. Frederic, Editores. 1985, Academic Press. p. 161-245.

Barbosa, L.R., et al., *A importância das interações proteína-proteína nas alterações conformacionais induzidas pelo pH da albumina de soro bovino: um estudo de dispersão de raios X a baixo ângulo.* Biophysical Journal, 2010. **98**(1): p. 147-157.

Kong, J. e S. Yu, *Fourier Transform Infrared Spectroscopic Analysis of Protein Secondary Structures (Análise Espectroscópica de Infravermelhos com Transformada de Fourier de Estruturas Secundárias de Proteínas).* Ata Biochimica et Biophysica Sinica, 2007. **39**(8): p. 549-559.

Roach, P., D. Farrar, e C.C. Perry, *Surface tailoring for controlled protein adsorption: effect of topography at the nanometer scale and chemistry.* Journal of the American Chemical Society, 2006. **128**(12): p. 3939-3945.

Lemoine, P., et al., *Intrinsic stress measured on ultra-thin amorphous carbon films deposited on AFM cantilevers.* Diamond and Related Materials, 2001. **10**(1): p. 94-98.

Lemoine, P., et al., *Comparing hardness and wear data for tetrahedral amorphous carbon and hydrogenated amorphous carbon thin films.* Wear, 2004. **257**(5): p. 509-522.

Retzinger, G.S., B.C. Cook, and A.P. DeAnglis, *The binding of fibrinogen to surfaces and the identification of two distinct surface-bound species of the protein.* Journal of Colloid and Interface Science, 1994. **168**(2): p. 514-521.

Kandadai, M.A., et al., *Comparison of Surfactants Used to Prepare Aqueous Perfluoropentane Emulsions for Pharmaceutical Applications [Comparação de Surfactantes Utilizados para Preparar Emulsões Aquosas de Perfluoropentano para Aplicações Farmacêuticas].* Langmuir, 2010. **26**(7): p. 4655-4660.

Damodaran, S., *Medição in situ de alterações conformacionais em proteínas em interfaces líquidas por espetroscopia de dicroísmo circular.* Analytical and Bioanalytical Chemistry, 2003. **376**(2): p. 182-188.

Yadav, P.K., *An investigation of the preparation, growth and analysis of nanotemplate*, in *Faculty of Engineering2009*, University of Ulster: Belfast. p. 209.

Reynaud, E., *Protein Misfolding and Degenerative Diseases.* Natureza Educação, 2010. **3**(9): p. 28.

Hassan, N., et al., *Estabilidade do fibrinogénio sob interação de surfactantes.* Journal of Colloid and Interface Science, 2011. **362**(1): p. 118-126.

Longstaff, C., et al., *A interação entre os domínios do ativador do plasminogénio tecidular e as estruturas de fibrina na regulação da fibrinólise: estudos cinéticos e microscópicos.* Blood, 2011. **117**(2): p. 661-668.

Brevig, T., et al., *The recognition of adsorbed and denatured proteins of different topographies by< i> P</i>< sub> 2</sub> integrins and effects on leukocyte adhesion and activation.* Biomaterials, 2005. **26**(16): p. 3039-3053.

Browne, M., et al., *Adsorção de proteínas em superfícies de poliestireno estudada por XPS e AFM.* Surface Science, 2004. **553**(1): p. 155-167.

Bassan, P., et al., *Resonant Mie scattering in infrared spectroscopy of biological materials-understanding the 'dispersion artefact'.* Analyst, 2009. **134**(8): p. 1586-1593.

Bassan, P., et al., *Correção da dispersão ressonante de Mie (RMieS) de espectros de infravermelhos de amostras biológicas com elevada dispersão.* Analyst, 2010. **135**(2): p. 268-277.

Romeo, M. e M. Diem, *Correção do artefacto de forma da linha dispersiva observado na espetroscopia de infravermelhos de reflexão difusa e na microespectroscopia de infravermelhos de absorção/reflexão (transflexão).* Vibrational Spectroscopy, 2005. **38**(1-2): p. 129-132.

De-Llanos, R., et al., *Surface Plasmon Effects on the Binding of Antitumoral Drug Emodin to Bovine Serum Albumin.* The Journal of Physical Chemistry C, 2011. **115**(25): p. 12419-12429.

Lousinian, S. e S. Logothetidis, *Optical properties of proteins and protein adsorption study (Propriedades ópticas das proteínas e estudo da adsorção de proteínas).* Engenharia Microeletrónica, 2007. **84**(3): p. 479-485.

Lousinian, S., S. Kassavetis, e S. Logothetidis, *Surface and temperature effect on fibrinogen*

adsorption to amorphous hydrogenated carbon thin films. Diamond and Related Materials, 2007. **16**(10): p. 1868-1874.
Tunc, S., et al., *In situ conformational analysis of fibrinogen adsorbed on Si surfaces.* Colloids and surfaces B: Biointerfaces, 2005. **42**(3): p. 219-225.
Kong, X., *Estudos de superfície de molécula única de fibrinogénio e ADN em semicondutores2008*: ProQuest.
Grdadolnik, J., *Efeitos de saturação em espetroscopia FTIR: intensidade das bandas de amida I e amida II em espectros de proteínas.* Ata Chimica Slovenica, 2003. **50**(4): p. 777-788.
Denis, F.A., et al., *Adsorção de proteínas em superfícies modelo com nanotopografia e química controladas.* Langmuir, 2002. **18**(3): p. 819-828.

Conclusões e trabalho futuro

Conclusões

A tese centra-se em duas áreas principais. A primeira é um estudo de modelação, ou seja, uma investigação dos parâmetros do processo para a produção de padrões nanométricos em superfícies de a-C:H utilizando técnicas de microscopia de força atómica (AFM) e de feixe de iões focalizados (FIB). O segundo é um estudo de adsorção; um estudo de soluções de albumina e fibrinogénio em PBS e água desionizada e, em seguida, a sua adsorção em superfícies padronizadas e não padronizadas, utilizando uma série de técnicas de caraterização.

<u>No capítulo da modelação</u>, foram produzidos com sucesso nano-padrões com um espaçamento de 60 nm por fresagem FIB e nanoindentação AFM, constituindo superfícies modelo úteis para o estudo da adsorção de proteínas. O Ga implantado$^+$ na película de a-C:H foi medido por análise EDX e espetroscopia TOF-SIMS e os resultados foram comparados com a modelação SRIM. Apesar disso, a análise Raman detectou apenas uma alteração espetral muito pequena após a irradiação FIB, sugerindo variações insignificantes na estrutura de ligação. Esta situação foi comparada com a das películas de ta-C, também estudadas de forma semelhante e que apresentam grafitização. A natureza composicional destes padrões foi investigada através do estudo das suas interações com uma ponta AFM revestida de proteínas, a partir de uma solução BSA-PBS. Utilizando a técnica AFM Lift/Interleave no regime sem contacto, as interações de longo alcance entre a ponta revestida de proteínas e os padrões deram origem a um contraste de composição colina/vale a uma distância ponta/superfície de 38 nm. O contraste observado é maior no caso do padrão FIB. As interações de curto alcance foram estudadas através da monitorização da força de arrancamento com a técnica DPFM. Também aqui os padrões apresentam um contraste de composição colina/vale, na adesão, embora representando apenas uma pequena fração, 6,2-8%, do sinal global de adesão. Este pequeno sinal de composição foi considerado duas vezes maior para o caso do padrão FIB, quando comparado com o padrão AFM. Este efeito foi interpretado como resultante da interação eletrostática atractiva entre a ponta revestida com BSA, carregada negativamente, e o gálio implantado, carregado positivamente. Esta interpretação, apoiada por uma simulação SRIM (±10% na gama projectada e no straggle), foi utilizada para dar uma estimativa da carga negativa por proteína adsorvida (1.3-3e). Finalmente, foi também discutida a natureza do contraste composicional para o padrão AFM, sendo os possíveis mecanismos a criação de cargas de remendo resultantes da fricção contra a face do indentador de diamante e a criação de novos ambientes de ligação sob a ponta do indentador.

<u>No capítulo da adsorção</u>, a análise de FTIR e as medições da tensão superficial das soluções proteicas mostram alterações conformacionais significativas, passando do tampão PBS para a água desionizada, com mais componentes de bobinas aleatórias a aparecerem na BSA e mais cadeias laterais/componentes intermoleculares a aparecerem na BPF. As películas adsorvidas foram também estudadas por espetroscopia FTIR. Em todos os casos, o componente da folha P aumenta após a adsorção. Isto acontece provavelmente como resultado da desnaturação da proteína, o que é consistente com a natureza hidrofóbica da superfície a-C:H. A microscopia TAFM mostra películas de proteínas adsorvidas uniformes e homogéneas em a-C:H não padronizado, com apenas alguns nanómetros de espessura, aparecendo caraterísticas maiores para o sistema BSA DI. A adsorção em padrões fresados por FIB resulta num processo de absorção modificado. A modelação aumenta a pegada da proteína adsorvida, exceto no caso do sistema BSA-DI, para o qual diminui. Assim, a nanopadronização não é apenas um meio de aumentar a área de superfície específica e, consequentemente, a quantidade de proteína adsorvida, mas também um método de controlo mais qualitativo do processo de adsorção. Por último, foram comparadas as adsorções de proteínas em padrões preparados por duas técnicas diferentes, utilizando os processos descritos no capítulo anterior. No caso das linhas FIB, a BSA adsorveu-se mais nas ranhuras, ao passo que, no caso das linhas AFM, as proteínas adsorvidas estavam nas colinas. Este resultado foi interpretado à luz da discussão apresentada no capítulo anterior sobre a interação eletrostática entre as proteínas adsorvidas com carga negativa e as várias cargas presentes nos dois padrões.

De um modo geral, o trabalho apresentado nesta tese mostrou que as superfícies modelo a-C:H nano-padronizadas são úteis para estudar e controlar a adsorção de proteínas, sugerindo que, no caso aqui estudado, a nano-topografia modifica qualitativamente o processo de adsorção. Além disso, os métodos aqui desenvolvidos podem ser alargados a outras técnicas de modelação e a sistemas proteicos para estudar de forma independente a influência da topografia e da composição na adsorção de proteínas.

Trabalho futuro

Estas investigações produziram alguns resultados interessantes e fornecem informações úteis para futuros investigadores. Algumas sugestões para trabalhos futuros são as seguintes:

1. A microscopia de varrimento por sonda Kelvin (SKPM) pode ser utilizada para estudar a interação eletrostática entre as pontas AFM, revestidas com proteínas adsorvidas eletricamente carregadas, e os

padrões FIB. A carga das proteínas adsorvidas pode ser controlada com o pH da solução. Para além disso, a espetroscopia Raman com reforço de pontas (TERS) nas proteínas adsorvidas pode fornecer informações sobre a estrutura secundária. A combinação destas duas técnicas seria útil para investigar a relação entre a estrutura secundária e a carga das proteínas adsorvidas.

2. Análise FTIR da área padronizada utilizando o recém-desenvolvido NeaSNOM/nano-FTIR, que permite a espetroscopia de infravermelhos com uma fonte laser de banda larga com uma resolução espacial de 20 nm que é até 1000 vezes melhor do que na espetroscopia de infravermelhos FT-IR convencional.
3. Utilizando os métodos de script fornecidos com o software Nanoman do Veeco AFM, é possível conceber uma experiência de riscagem com carga em rampa que pode sondar eficazmente os eventos críticos associados à delaminação da película, testando assim a adesão da camada adsorvida ao substrato.
4. A imagem de segunda harmónica da camada de proteína adsorvida pode fornecer informações úteis sobre a forma como as proteínas são adsorvidas na superfície. A interação mínima entre a ponta e a superfície é normalmente recomendada para amostras biológicas e, uma vez que a segunda harmónica é mais sensível do que a fundamental, pode ser aplicada uma carga muito pequena para estudar a interação entre a película adsorvida e a superfície.
5. As sugestões feitas acima são complementos úteis para melhorar a nossa compreensão do processo de adsorção de proteínas. No entanto, o trabalho futuro também pode ser orientado numa direção completamente diferente, fora do âmbito deste estudo de doutoramento, ou seja, testar a atividade biológica das proteínas adsorvidas. Para tal, seria necessário utilizar os métodos aqui desenvolvidos noutras técnicas de modelação, capazes de operar em áreas maiores. Poder-se-ia então estudar, com bioensaios e anticorpos, a relação entre a adsorção de proteínas e uma série de respostas celulares.

APÊNDICE A

Microscopia de força atómica

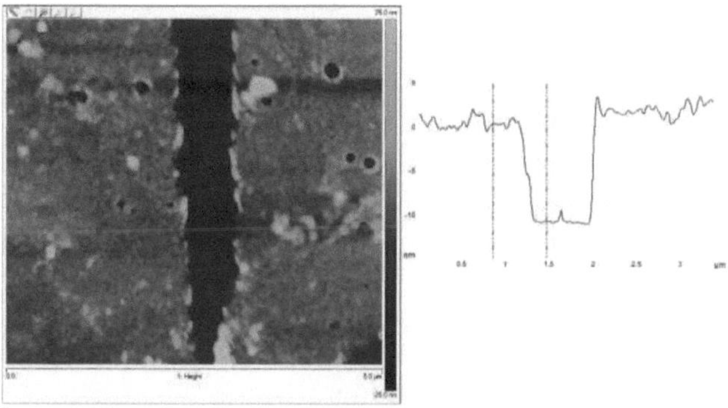

Figura 1: Película de proteína adsorvida riscada com uma ponta AFM revestida com DLC, mostrando uma espessura de película de 10 nm.

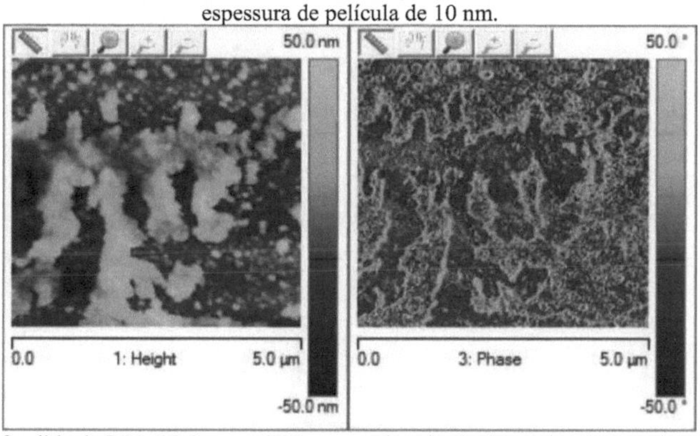

Figura 2: Gota fundida de BSA-PBS em a-C:H mostrando cristais de sal de PBS, também vistos na figura 5.8 no capítulo 5.

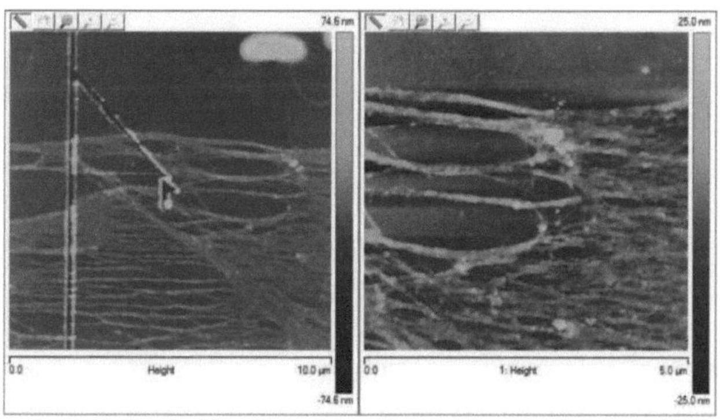

Figura 3: Formação de fibrilas devido a fortes interações proteína-proteína para a FBP adsorvida numa alavanca de Si AFM.

Figura 4: Exemplo de artefacto de ponta AFM.

ANEXO B
Feixe de iões focalizado

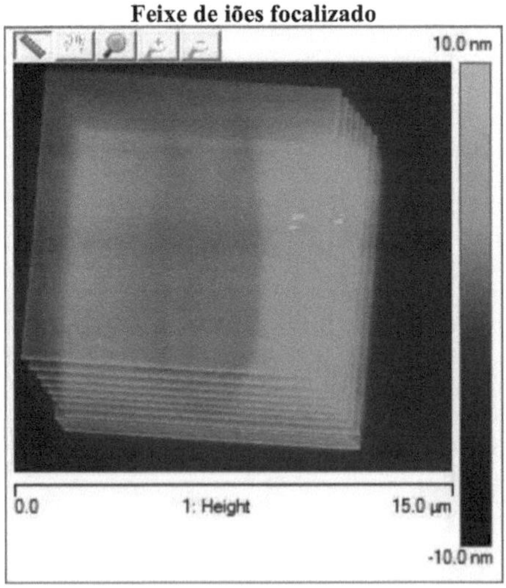

Figura 1: Imagem TAFM que mostra um desvio de ~3 nm/s num padrão de 10gm, devido a uma má ligação

à terra da plataforma. Os padrões gerados nos capítulos 4 e 5 foram efectuados com um valor de desvio controlado abaixo de 0,01 nm/s.

Figura 2: Imagens TAFM que mostram um desvio limitado (< 0,01 nm/s) para padrões com passo variável.

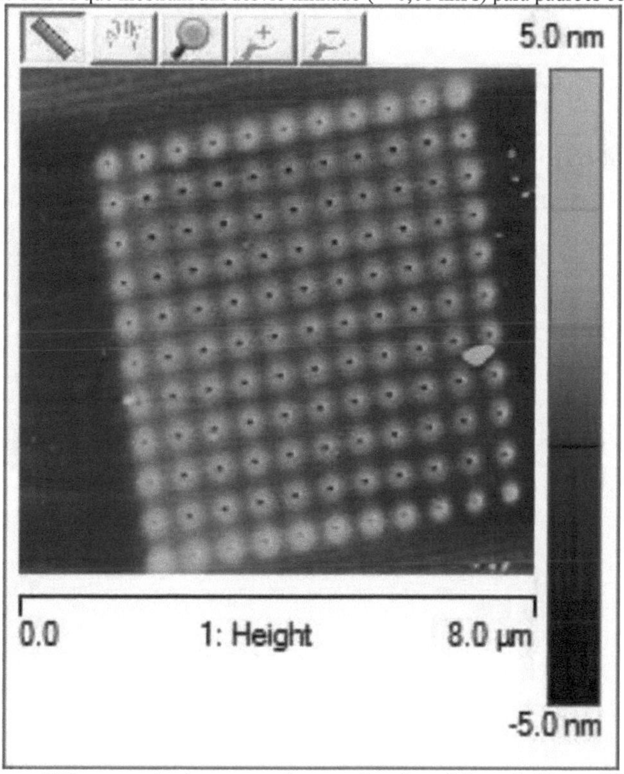

Figura 3: Fresagem FIB para pontos bem separados quando a deposição assistida por FIB tem lugar, em condições não optimizadas. Os pontos produzidos nos cantos e nas arestas apresentam mais empilhamento. Isto deve-se à difusão de gás, maior nestes locais, que resulta em material depositado.

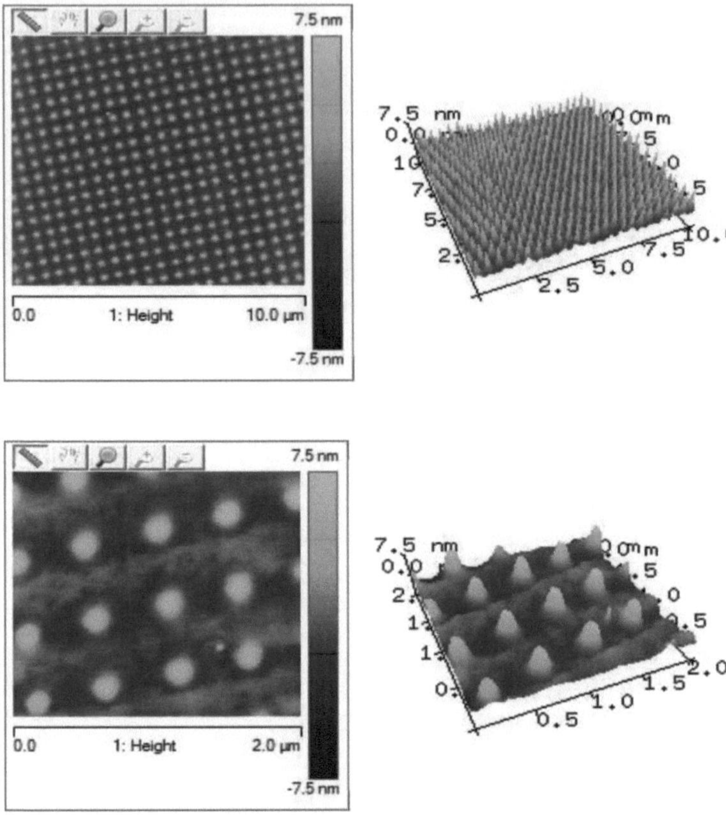

Figura 4: Fresagem FIB para pontos bem separados, mostrando outro exemplo de deposição assistida por FIB , em que, neste caso, a deposição teve lugar ao longo de todo o padrão, possivelmente devido à pressão mais elevada da câmara.

PUBLICAÇÕES E APRESENTAÇÕES

Publicações periódicas

- "O potencial da radiação de feixe de electrões para a modificação simultânea da superfície e o controlo da biossorção de PLLA", Cairns M-L, Dickson GR, Orr JF, Farrar D, Hardacre C, Sa J, Lemoine P, **Mughal MZ**, Buchanan FJ. 2012. J Biomed Mater Res Part A 2012:00A:000-000
- "Atomic Force Microscopy investigation of Protein Adsorption on Hydrogenated Amorphous Carbon", Mughal, MZ. et al., Materials Research Society Proceeding- Fall meeting 2012 (In Press)
- "Effect of nano-pattern topography and composition on proteins adsorbed on hydrogenated amorphous carbon surfaces", em preparação para publicação em **Nanotechnology.**

Apresentações orais

- "Atomic Force Microscopy investigation of Protein Adsorption on Hydrogenated Amorphous Carbon", Mughal, MZ. et al. na Reunião de outono da MRS, Boston, EUA (novembro, 2012)
- "Focused Ion Beam assisted nanofabrication for protein adsorption studies", Mughal, MZ. et al na Conferência de Investigação, Universidade de Ulster em Jordanstown, Shore Road, Newtownabbey, Irlanda do Norte, Reino Unido (janeiro, 2012)

Apresentações de posters

- "Focused Ion Beam (FIB) -assisted nanopatterning for protein adsorption studies", Mughal, MZ. et al na ESB 2011, Dublin, Irlanda (setembro, 2011)

MIX
Papier aus verantwortungsvollen Quellen
Paper from responsible sources
FSC® C105338

Printed by Books on Demand GmbH, Norderstedt / Germany